概率入门

清醒思考再作决策的
88个概率知识

田霞·著

中国纺织出版社有限公司

内 容 提 要

天气预报、彩票、保险、人脸识别、交通、疾病、证券……这些日常生活都涉及概率，掌握一些概率知识，让概率成为我们作决策的数学工具，不仅会使我们的生活更加充满乐趣，也会让我们避免掉进一些陷阱。本书介绍了如何使用概率知识解决日常生活中的一些常见问题，内容丰富，可读性强，是一本简单易懂、能够帮助读者举一反三的概率科普书。为了使更多数学基础薄弱的读者也可以掌握概率，作者在每章首先给出理解具体案例所必需的基础知识，然后按照由易到难的顺序分别以案例和故事的形式展示生活中遇到的各种问题，并使用概率的视角和知识予以解决。

图书在版编目（CIP）数据

概率入门：清醒思考再作决策的88个概率知识 / 田霞著. -- 北京：中国纺织出版社有限公司，2021.8（2025.3重印）
ISBN 978-7-5180-8599-6

Ⅰ. ①概… Ⅱ. ①田… Ⅲ. ①概率—普及读物 Ⅳ. ①0211.1-49

中国版本图书馆CIP数据核字（2021）第100237号

责任编辑：郝珊珊　　责任校对：高　涵　　责任印制：储志伟

中国纺织出版社有限公司出版发行
地址：北京市朝阳区百子湾东里A407号楼　邮政编码：100124
销售电话：010—67004422　传真：010—87155801
http://www.c-textilep.com
中国纺织出版社天猫旗舰店
官方微博 http://weibo.com/2119887771
天津千鹤文化传播有限公司印刷　　各地新华书店经销
2021年8月第1版　　2025年3月第8次印刷
开本：880 × 1230　1/32　印张：5.5
字数：148千字　定价：48.00元

前言

有的读者可能有如下疑惑：如果不从事概率相关的工作，是不是就不需要了解概率的相关知识呢？答案是否定的。比如随着科技的发展，天气预报越来越准确，我们在出门之前都会看天气预报。天气预报现在是动态更新，采用的是概率天气预报，即不是预报是否下雨，而是给出下雨的概率。又如支付宝等软件可以使用人脸识别的方式进行支付，但是如果你戴上口罩，或者光线太弱，就有可能识别不出来，而人脸识别的基础理论之一就是概率，所以为了适应现在的科技发展，我们也需要知道些概率的相关知识。

去公园游玩，发现有人摆摊，做套圈、射飞镖扎气球等游戏，看着游戏非常简单，但是如果我们非得要赢个一等奖，也是不容易的。这是小贩的谋生手段，对游客来说，取个乐就可以，千万不要较真，非得赢什么奖品。再如有某公司的会计沉迷于购买彩票，甚至发展到挪用公款的地步，以至于锒铛入狱。买彩票可以当作一项娱乐，而不能当作一项事业，因为中大奖的概率毕竟非常低。

还有就是海景房的广告，空气好、环境好、房子在海边，总价还很便宜，想去看房的话还有免费的看房车，总之各方面都非常好，特别让人心动，使得有不少外地人奔赴海边去买海景房。还有就是前些年某公司出高息集资，给的利息非常高，甚至达到20%以上，听到这种信息，你会心动吗？有不少人就去参与集资，因为利息非常高。其实这些事情，都是利用人的贪欲，如果受害人能了解些概率的知识，就会把心态摆正，小概率事件在一次试验中是几乎不可能发生的。比如海景房，如果海景房真的那么好，环境幽雅，面向大海，本地人为什么不买呢？住不了完全可以炒房啊！事实上发传单宣传的海景房几乎没有本地人购买。再就是集资问题，给的利息如此之高，那他们为什么不去找银行贷款呢？银行的贷款利息可没有这么高。如果给出这么高的利息，而该公司的实力又非常雄厚的话，相信银行肯定愿意贷款给他们。事实上并没有银行参与，因为银行的审查非常严格，这种集资诈骗根本不可能通过银行的审查，所以他们只能骗普通老百姓。如果我们掌握些概率的知识，就有可能放弃侥幸心理，识破诈骗手段。

如果直接去学习概率的教材，可能会觉得有些枯燥。所以本书给出一些日常生活中我们会经常遇到可以使用概率论的知识去解决的问题，比如进行核酸检测时为什么采用10合1混采技术，采用这种技术的好处是什么？新能源汽车的车牌到底有多少？到底选择哪些同学去参加比赛？如何确定公交车门的高度？当我们去花果山游玩遇到可爱的猴子时，想知道山上到底有多少只猴子等，这些都可以使用概率的知识去理解和解决。通过案例的方式来学习相关的知识，会使我们爱上概率，爱上学习。

全书分成六篇，第一篇主要介绍利用古典概型的知识解决生活中的问题，比如：买彩票中大奖的概率；同月同日生的概率；

一家人属相相同的概率；银行卡的密码到底有多少；通过送月饼看清渣男；如何判断数据造假；使用概率可以破解密信；想做个赚钱的小生意，选择什么样的生意合适呢等共计21个案例。第二篇是利用全概率公式和贝叶斯公式解决实际问题，比如如何知道个人隐私问题；如何通过发生的事情来不断修正自己的观点（狼来了、烽火戏诸侯），分析讲诚信的必要性；飞机颠簸是否意味着出事；是不是所有事情，一直坚持就一定能取得成功；预防诈骗；不努力学习是否能考及格；超市促销、试吃等手段对消费者和厂家是否是双赢；核酸检测采用10合1混采是否合理等内容。第三、第四篇是针对概率中的离散型分布和连续型分布共给出19个案例，比如保险公司会亏本吗；进多少货才能保证不脱销；三顾茅庐的故事；参加面试考试根据自己的成绩如何知道是否能通过面试；手机电池的寿命；如何选择上班的交通工具等案例，可以学习如何利用概率中常见的离散型分布和连续型分布解决实际问题。第五篇是关于期望的25个案例，比如闯关拿大奖时，根据自己的能力，到底闯多少关拿到的奖最合适；集体婚礼上把新郎的眼睛蒙起来，让他们各自找自己的新娘；靠天吃饭的行业天气不好时是否开业；误入教室的小麻雀几次才能飞出去；保险公司设置人寿保险时收取的保费和赔付的保费怎么设置才更合理且能盈利等。第六篇是关于估计的案例，比如估计野生动物的数量、鸟的数量，估计论文中错别字的个数等。

笔者从事概率论与数理统计的教学和科研工作长达16年，具有丰富的概率论与数理统计的教学经验。编写案例过程中尽量做到由简到难、通俗易懂，既保证有趣，又保证实用。读完这些案例，相信读者可以学会使用概率的知识去解决生活中遇到的问题。同时在此感谢中国纺织出版社有限公司的郝珊珊编辑，非常感谢她在这本书的编写过程中给予的大力支持和帮助。

田霞

2021.4.30

目录

Chapter1　古典概型：我什么时候才能中奖躺平啊

1.组合

组合指的是从n个不同的元素中任取m个，不考虑次序问题，共有C_n^m种取法，$C_n^m=\frac{n!}{m!(n-m)!}$，$n!=1\times2\times\cdots\times n$。

2.古典概型的概率计算

公式为：$P(A)=\frac{n_A}{n}=\frac{A\text{所含的样本点数}}{\text{样本点总数}}$

3.不放回模型

盒子里有N个球，其中M个黑球、$N-M$个白球。从中不放回任取n个，则此n个产品中有m个不合格品的概率为：

$$\frac{C_M^m C_{N-M}^{n-m}}{C_N^n},\ n\leqslant N,m\leqslant M,n-m\leqslant N-M$$

此模型为不放回模型。

Q在52张扑克中，抽2张，$A=$“抽到的都是红桃”，求$P(A)$。

分析：一副扑克牌共54张，去掉大小王后52张扑克牌，从52张扑克牌中抽取2张，所以样本空间里总的样本点数是$n=C_{52}^2$。抽到的2张都是红桃，而一副扑克牌一共有13张红桃，所以A包含的样本点数为C_{13}^2，由概率计算公式

得 $P(A)=\frac{C_{13}^{2}}{C_{52}^{2}}=\frac{1}{17}$。

4.概率的求逆公式

（1）对立事件

若两个事件是互不相容的，且它们的并集为整个样本空间，则这两个事件互为对立事件或逆事件，记为 A，$\overline{A}$。

（2）概率的求逆公式

$$P(A)=1-P(\overline{A})$$

01　新能源汽车车牌有多少

2016年11月21日，公安部官方微信发布关于实行新能源汽车号牌试点的城市以及具体政策。作为被选中的5个试点城市之一，包括纯电动汽车在内的新能源汽车下月起在济南将获得专属的车辆号牌。

与一般机动车号牌不同，新能源车号牌号码由5位升为6位，车牌主打绿色象征环保。同时，车管部门也将为新能源车主开辟绿色通道或者专门窗口方便办理挂牌业务，并提供更多的便利服务。

新能源汽车号牌外廓尺寸为480mm×140mm，比普通车牌长40mm。此外，从外观上看新能源汽车号牌还有四大变化。

一是突出绿色元素，底色以绿色为主色调，突出绿色环保的寓意，并采用全新的号牌号码字体。

二是在号牌式样上增加新能源汽车号牌专用标识，绿色圆圈中右侧为电动插头图案，左侧彩色部分与英文字母“E”（Electric电）相似。

三是号牌号码由5位升为6位，如原“鲁A·D1234”可升位至“鲁A·D12345”。升位后，号牌号码容量增大，资源更加丰富，满足“少使用字母、多使用数字”的编排需要。

四是实行号牌分段，便于差异管理。新能源汽车分为纯电动汽车和包括混合动力汽车、燃料电池电动汽车、氢发动机汽车在内的非纯电动汽车两类。此次启用的新能源汽车号牌从号牌上对两类新能源汽车进行区分。其中，第一位号码为“D”的代表纯电动汽车，“F”则代表非纯电动汽车，包括插电式混合动力和燃料电池汽车等。这样，是什么类型的新能源汽车从号牌上就能一目了然。

新能源汽车车牌可分为三部分：

省份简称（1位汉字）+地方行政区代号（1位字母）+序号（6位）

其中前两部分：省份简称（1位汉字）+地方行政区代号（1位字母）和普通车牌保持一致。第三部分则为序号区：在新能源汽车中，小型新能源汽车车牌的第一位必须使用字母D/F，字母“D”代表纯电动汽车；字母“F”代表非纯电动汽车（包括插电式混合动力和燃料电池汽车等）。第二位可以使用字母或者数字，后四位必须使用数字。大型新能源汽车车牌的第六位必须使用字母D/F，前五位必须使用数字。和传统车牌规定一致，在车牌序号中英文字母I和O不能使用。

关键词：古典概型

以山东济南为例，第一部分和第二部分中的省份和地方行政区代号是相同的，均为鲁A，我们从第三部分开始研究。第一位如果是纯电动汽车，则为D，非纯电动汽车为F，共有2种选择。

第二位可以使用字母和数字，但是字母I和O不能使用，避免和0、1分辨不清，所以一共24+10=34种。后四位必须使用数字，可以重复，所以有 $10\times10\times10\times10=10000$ 种，所以小型新能源汽车一共有 $2\times34\times10000=680000$ 个号码可以选择。而大型新能源汽车，第六位必须使用D/F，共有2种选择，前五位必须使用数字，数字可以重复，有 $10\times10\times10\times10\times10=100000$ 种选择，所以共有 $2\times100000=200000$ 个号码可以选择。

02　一家人中属相相同的概率是多少

一家4口人，至少有2人的属相是相同的概率为多少？

关键词：古典概型

12属相，我们都非常熟悉，有“子鼠丑牛寅虎卯兔辰龙巳蛇午马未羊申猴酉鸡戌狗亥猪”。那么一个四口之家，到底有多少人的属相是相同的呢？至少有2个这个事件的概率感觉应该是比较大的。如果一个男人是属猪的，他在24岁有了一个小孩，那么这个小孩的属相就和爸爸相同。如果这个男人在36岁时又有了一个小宝宝，那么第二个小宝宝的属相和爸爸也是相同的。现在我们来用概率的方法计算4口人中至少有2人属相相同的概率。

首先对于这4个人来说，每个人都有12种属相可以选择，共12^4种。

要求至少有2人属相相同，那么可能有2个人，也可能有3个人，甚至可能有4个人。考虑它的对立事件，即没有人属相相同。既然4个人的属相都是不同的，需要从12个属相中选出4个属相，有$12\times11\times10\times9$种选择方法，由古典概型的计算公式，所求的概率为$\frac{12\times11\times10\times9}{12\times12\times12\times12}=0.5729$。

03　请把手机放到对应的袋子里

三个人进行考试，在考试前要求把手机放入考场外面的手机袋中，手机袋的编号为1，2，3，而三个考生的编号也为1，2，3，三个人随机地把手机放入这3只袋子中，一个袋子里面放一部手机。若第i号考生将手机放入i号袋子中，称为一个配对。求3个人中至少有一人把手机放入与其编号同号的袋子中，即至少配对成功一对的概率。

关键词：古典概型

编号为1，2，3的三个考生随机的把手机放入编号为1，2，3的3只袋子里中，有如下放法：123，132，213，231，312，321，共计6种，没有配对的方法有231，312这两种放法，所以没有配对的概率为2/6=1/3。至少有1对配对成功的方法有123，132，213，321四种放法，所以至少有1对配对的概率为4/6=2/3。

04 猜不到的银行卡密码

现在每个人手中至少有一张银行卡，有的人可能有很多张银行卡。在使用银行卡时很多人非常关心银行卡的资金安全。为了保障银行卡的资金安全，我们通常设置密码，当银行卡丢失时即便有人捡到银行卡也猜不到它的密码，从而无法取走银行卡里的钱。那么设置密码时，需要注意避免哪些简单的密码呢？比如生日，相同的数字，123456，888888之类的是不可以设置的。账号、卡号、证件号的后6位，手机号码等这些尽量不要设置为密码，还有就是身份证最好不要和银行卡放在一起。到底有多少个密码可以供我们选择呢？

关键词：古典概型

因为银行卡的密码只允许为数字，所以6位的密码共有10×10×10×10×10×10=1000000种，当然我们方才提到的那些简单的密码需要避免。

如果是手机的密码、支付宝的密码、微信的密码、手机银行的密码、网银的密码这些允许加入字母且位数也可以是8位的或者12位的，这样的密码有多少种呢？数字0~9共有10种，小写字母a~z共26种选择，大写字母A~Z也有26种选择，而且要求8

位密码必须有小写、大写字母和数字，这时有多少种密码可选呢？首先数字、小写字母、大写字母各选一个，剩下的5位从10+26+26=62种选择中选出5种，可以重复选，所有共有10×26×26×62×62×62×62×62=6193057944320种选择。如果再加上特殊字符，那么可供选择的密码就更多了，比如要求数字、小写字母、大写字母、特殊字数都各选一个，假设特殊字符有20种，则共有10×26×26×20×82×82×82×82=6112686195200种选择。

05　他们可能在哪个停车点下车

9个人乘坐公园的游览车，该游览车共有10个停车点，假设每个人在任一停车点下车都是等可能的，求这9个人在不同停车点下车的概率。

关键词：古典概型

游览车的停车点共10个，每个人共有10个停车点可以选，有10^9种选法。9个人在不同的停车点下车，需要先从10个停车点中选出9个，有10种选法，9个人再一次选择从哪个停车点下车，有$9\times8\times7\times6\times5\times4\times3\times2\times1$种选法。于是9个人在不同停车点下车的概率$P(A)=\dfrac{10\times9\times8\times7\times6\times5\times4\times3\times2}{10^9}$=0.0036288。

06　能够预测比赛结果的系统

美国趣味统计学节目“概率知多少”上面有这样一个故事。

英国有一个名为特雷弗的青年，有一天收到一封信：

亲爱的特雷弗，你已经被选中参加足球彩票预测系统的第一轮的科学测试，该系统使用贝叶斯理论和傅里叶分析，预测未来足球比赛结果，我们的第一个预测结果是本周六曼联将击败考文垂，作为本系统特邀的评论员，你需要做的是记录预测结果与事实是否相符。

特雷弗是个足球迷，他每周六都会看足球比赛，但是有时候可能因为有事情而耽误了看比赛，不知道比赛的结果，所以他很希望能提前知道结果。所以这周六他观看比赛，发现曼联果然击败了考文垂。下周他又收到一封信，上面写着：

亲爱的特雷弗，预测系统对本周六的比赛预测结果是切尔西将击败莱斯特城。

到了周六，特雷弗又观看了比赛，发现结果和预测的一样。

就这样连续五周，他都收到信，而且预测系统预测的结果都是正确的，他对预测系统的预测能力深信不疑。到了第六周，他再次收到信，上面写着：

亲爱的特雷弗，你现在已经是足球彩票预测系统的特邀客户，只要你支付200英镑，未来五年内我们都会告知你预测结果。

特雷弗感觉花200英镑去购买预测结果太合适了，再也不会因为赶不上直播，不知道比赛结果而心焦了，所以他支付了200英镑，从而换取每场足球比赛的预测结果。

节目主持人说这是一个赚钱的游戏。解释如下：事实上，还有人收到跟特雷弗内容几乎完全一样，但是预测结果相反的信。这个赚钱的游戏是这样操作的。先写800封信，其中400封是预测曼联战胜考文垂，另外400封是预测考文垂战胜曼联。分别寄给800人。那么这800人中肯定有400人收到的信中的预测结果是正确。到第二周，再写400封信，预测第二周周六比赛的结果。这400封信同样有200封预测一个结果，200封是预测相反的结果。把这400封信分别寄给第一周收到预测结果是正确的人。这样有200人收到的2次预测结果均是正确的。一直进行下去，直到第五周，此时只需写50封信，其中有25封是预测一种比赛结果，另外25封是预测相反结果。直到现在为止，有25人是连续5周收到的预测结果是正确的。

最终这25人中有20人支付了200英镑。我们现在思考这个游戏。其实寄信的人根本不喜欢足球，也不知道到底哪个队实力更强些。他们只需写信寄信即可。那么连续五次都能正确预测比赛结果的概率有多大呢？

关键词：古典概型

这个案例事实上应该适用于淘汰赛和决赛，也就是说两个球队一定要分出胜负。此时每次比赛结果只有2种，一种是A队赢B队，另一种是A队输给B队。对每次比赛结果进行预测，结果是正确的概率为1/2，连续五场都能预测对的概率为$\frac{1}{2}\times\frac{1}{2}\times\frac{1}{2}\times\frac{1}{2}\times\frac{1}{2}=\frac{1}{32}$=0.03125，这个概率比较小。

如果是常规的联赛，每次比赛结果有3种，一种是A队赢B队，另一种是A队输给B队，第三种是A和B打平。对比赛结果进行预测，则单次预测正确概率为1/3，而连续五场都能预测对的概率为$\frac{1}{3}\times\frac{1}{3}\times\frac{1}{3}\times\frac{1}{3}\times\frac{1}{3}=\frac{1}{243}$=0.004115，这更是个小概率事件。事实上除非打假球或者实力相差太悬殊，否则连马上要进行比赛的球队也不知道比赛的结果。所以特雷弗的200英镑是花了冤枉钱。当然如果是针对常规的联赛，这时候第一次应该寄出的信为2430封，第二次寄出的为810封信，到第五次寄出的信为30，也就是说有30人连续五周收到的预测结果是正确的。

07 大海捞钱包可能吗

在墨西哥的索诺拉，有一对好朋友，帕布罗和维克多，他们在蒙特里理工学院海洋生物系上大学。两人出身贫寒，合租一间房子。有一天维克多发现他的钱包丢失了，钱包里面有维克多全部的钱和一半他们借来的钱，共计200美元，用于支付房租。但是无论他们两个怎么寻找，也找不到钱包。虽然非常沮丧，但是日子还得过下去。10天后帕布罗要去上一门专业必修课——潜水。帕布罗连同老师和10位同学一起乘着船来到一片海域，这是他们练习潜水的海域，准备好后潜水下去，十分钟后帕布罗适应了潜水，掌握了部分技能，能够看清楚海里的东西，这时他突然发现一个长方形的物体。他捡起来发现是个钱包。一看见那个钱包，帕布罗非常惊喜，因为这是维克多丢失的钱包。钱包里面的东西都还在，200美元也还在。他开心极了，告诉一起潜水的同学。等回到船上，他把事情的经过说出来，大家都感觉非常神奇。这可是从大海里捞出的钱包啊！失而复得的钱包解决了他们面临的经济困难，也带给他们非常大的惊喜，感觉运气实在是太好了。有句成语叫大海捞针，比喻极难找到。而帕布罗能在大海中找到钱包，也是非常难的。为什么这么说？

首先，他们不知道是在哪里丢的钱包，可能是住的地方，可

能是学校，也可能是其他地方。其次，就算知道是掉在大海里，钱包也可能被洋流冲走，而不是留在原地。这和刻舟求剑是不同的。还有就是10天内有很多人在这片海域练习潜水，有可能捡到钱包。最后，潜水课的练习地点不止这一片海域，还有其他的地方。必须所有的条件都满足，帕布罗才能顺利捡到钱包。

关键词：古典概型

现在我们做一些假设。假设曾经有30人从钱包周围游过而没有发现它，只有帕布罗发现了它，这种情况发生的概率为$\left(\frac{1}{2}\right)^{30}$。帕布罗在维克多丢失钱包后的10天后必须去上那门潜水课，才能乘坐那艘船，来到这片海域，而不是和别的同学换一下时间，这个概率为1/2。钱包掉下去后没有被海水冲走，而是留在了原地，概率为1/2。前面三种情况必须都发生，帕布罗才能捡到钱包。那么此时帕布罗最后捡到钱包的概率为$\left(\frac{1}{2}\right)^{30}\times\frac{1}{2}\times\frac{1}{2}=\left(\frac{1}{2}\right)^{32}$，这个结果约等于42.5亿分之一，是个概率非常非常小的小概率事件，根据实际推断原理，小概率事件在一次实验中几乎不可能发生。结果却发生了，说明帕布罗的运气真的非常好，可以建议他去买彩票了。

这个故事是美国趣味统计学节目“概率知多少”上面的故事，这个节目里面有很多这样的神奇的事情。比如曾经7次被闪电击中还活着的美国人罗伊·苏利文。他在1942~1977年间7次被闪电击中，但是都幸存了下来，一个人遭闪电击中的概率最大约为几十万分之一，可是他偏偏遇到了七次。这也非常的神奇。

08　橄榄球队同月同日生的队员

橄榄球比赛时每场上场的有11人，但是参加的队员要求为每个队53人。那么在该队的队员里面，至少有2人生日相同的概率为多少呢？假设一年有365天。（该问题只考虑月和日，不考虑年份）

关键词：古典概型

设事件A为“至少有两个人的生日在同一天”，这个事件不好考虑，因为可能有2个人生日在同一天，也可能有3个人生日在同一天，也可能有更多的人生日在同一天，我们考虑它的对立事件，即没有人生日在同一天。计算样本空间的样本点个数时没有任何限制条件，即每个人都有365种选择，所以53个人共有 365^{53} 种可能，这是分母。如果要求没有人生日在同一天，则53个人需要53天作为生日，这53天是来自一年的365天里面，即从365天中挑出53天，有 C_{365}^{53} 种挑选方法，而选好这53天后，因为没有人生日是相同的，那么第一个挑生日时有53个日子可选，第二个挑选时有52个日子可以选，以此类推，到第53个人时就只有一种选择，由乘法原理，共有 $P(A)=53\times52\times51\times\cdots\times1=53!$ 种选法。所以分子为 $C_{365}^{53}53!$，由概率的计算公式，“没有人生日

在同一天”的概率为$\frac{C_{365}^{53}53!}{365^{53}}$。至少有2人生日在同一天的概率为$1-\frac{C_{365}^{53}53!}{365^{53}}$=0.98。

有的人生日非常特殊，如国庆节、五一劳动节、端午节、中秋节等，那么下面的问题是：

Q1：一个公司里面有员工400人，至少有2个人生日在五月一号的概率是多少？（指定某天）

分析：设事件B为“至少有两个人的生日在五月一号”，这个事件不好考虑，因为可能有2个人生日在五月一号，也可能有3个人生日在五月一号，也可能有更多的人生日在五月一号，我们考虑它的对立事件$\bar{B}$，即没有人生日在五月一号。每个人生日都有365种选择，400个人就有365^{400}种选择，这是分母，即样本空间包含的样本点的个数。400个人的生日都不在五月一号，那么每个人有364种选择，共有364^{400}种选择，这是分子。由古典概型的计算公式，有$P(\bar{B})=\frac{364^{400}}{365^{400}}$。由概率的求逆公式，有事件$B$的概率为$P(B)=1-P(\bar{B})=1-\frac{364^{400}}{365^{400}}$=0.666。

Q2：一个班级里有同学8个人，至少有2人在生日在同一月的概率是多少？（同月生日）

分析：设事件A为“至少有两个人的生日在同一个月”，这个事件不好考虑，考虑它的对立事件，即没有人生日在同一个月。8个人需要8个月，先从12个月里面选择8个月，共有C_{12}^{8}，再给每个人分配生日，第一个人有8种选择，第二个人有7种选择，以此类推，最后一个人有1种选择，共有8！种选择，由乘法原理，分子为 $C_{12}^{8}8!$ 。计算样本空间的样本点个数时没有任何限制条件，即每个人都有12种选择，所以8个人共有 12^{8} 种可能，这是分母。由概率的计算公式，“没有人生日在同一个月”的概率为 $\frac{C_{12}^{8}8!}{12^{8}}$。至少有2人生日在同一月的概率为 $1-\frac{C_{12}^{8}8!}{12^{8}}=0.954$。

Q3：一个班级里有同学8个人，至少有2人在生日在同一周的概率是多少？（一年有52周）（同周生日）

分析：至少有2人生日在同一周的概率为 $1-\frac{C_{52}^{8}8!}{52^{8}}=0.432$。

那么到底有多少人，才能保证至少有2个人的生日相同的概率为50%?

Q4：一场足球比赛连同裁判一共23人，那么这23人中至少有两人生日相同的概率为多少呢?

分析：$1-\frac{C_{365}^{23}23!}{365^{23}}=0.5$，23人中至少有两人生日相同的概率为0.5。

09　我什么时候才能中奖躺平啊

放眼国际彩票市场，彩票已经成为一项大众广泛参与的活动，而世界各国对于彩票这一行业，都有着属于自己的特色所在。彩票广告也不例外，一条好的彩票广告可以起到宣传公益和增加销量的双重作用。

国外的彩票广告内容是风格迥异的。

英国的全国乐透彩票有一句非常有名的广告语：你可能就是那个幸运儿。

加拿大Lotto Max：汽车算什么，一艘游艇才是有钱人的象征。那么，这艘5美元的游艇，你心动了吗？一张彩票，无限可能。

加拿大不列颠哥伦比亚省彩票：彩虹的尽头2700万。

这条广告的创意来自一句谚语“彩虹的尽头藏着上帝留下的财富”。在彩虹的尽头，是2700万加元，也是上天赐予的宝藏。将生活谚语和彩票结合在一起，让人感到十分贴切。

纽约彩票广告：彩票让你拥有无限可能。

哥斯达黎加彩票广告：亲爱的，你可以在不经意间错过天上掉馅饼，但请不要再错过彩票了！

国内的彩票广告如下：

多买少买多少买点，早中晚中早晚能中。

小投入大回报，中了，为自己喝彩，不中，为社会添彩。

2元一注双色球，幸运中奖1000万。

购买赈灾彩票刮刮乐，支援灾区重建家园。

各种彩票广告都非常吸引人的注意，国外的彩票广告力图说服潜在彩民尝试购买彩票；国内的彩票广告宣传更注重公益性。

但是购买了彩票，中大奖的概率为多大呢？下面我们以体彩31选7来分析中奖的概率。

关键词：古典概型

从1~31这31个数中任选7个组成一注彩票号码。开奖时给出7个基本号码和1个特殊号码。

一等奖：单注投注号码与中奖号码中7个基本号码全部相符；

二等奖：单注投注号码与中奖号码中6个基本号码和特殊号码相符；

三等奖：单注投注号码与中奖号码中6个基本号码相符；

四等奖：单注投注号码与中奖号码中任5个基本号码和特殊号码相符；

五等奖：单注投注号码与中奖号码中任5个基本号码相符或者任4个基本号码与特殊号码相符；

六等奖：单注投注号码与中奖号码中任4个基本号码相符或者任3个基本号码与特殊号码相符。

首先从31个数字中随机取7个，不放回，共 C_{31}^{7} 种可能。

一等奖。而选中7个基本号码，只有一种可能，所以中一等

奖的概率为 $P=\frac{1}{C_{31}^{7}}=\frac{1}{2629575}=3.8\times10^{-7}$；

二等奖。选中6个基本号码，即从7个基本号码中任取6个，共 C_7^6 种可能，从1个特殊号码中选择1个，共1种可能，所以分子为 $C_7^6C_1^1$，故中二等奖的概率为 $P=\frac{C_7^6}{C_{31}^7}=\frac{7}{2629575}=2.66\times10^{-6}$；

三等奖。选中6个基本号码，即从7个基本号码中任取6个，共 C_7^6 种可能；另一个数字来自除了7个基本号码和1个特殊号码之外的其他23个数字，从23个数字中选择一个数字，共有 C_{23}^1 种可能，由乘法原理，分子为 $C_7^6C_{23}^1$，故中三等奖的概率为 $P=\frac{C_7^6C_{23}^1}{C_{31}^7}=\frac{161}{2629575}=6.11\times10^{-5}$；

四等奖。选中5个基本号码，即从7个基本号码中任取5个，共 C_7^5 种可能，从1个特殊号码中选择1个，共1种可能，最后一个号码来自除了7个基本号码和1个特殊号码之外的其他31−7−1=23个数字，从23个数字中选择一个数字，共有 C_{23}^1 种可能，由乘法原理，有 $C_7^5C_1^1C_{23}^1$ 种可能，故中四等奖的概率为 $P=\frac{C_7^5C_1^1C_{23}^1}{C_{31}^7}=\frac{483}{2629575}=1.84\times10^{-4}$；

五等奖。单注投注号码与中奖号码中任5个基本号码相符。选中5个基本号码，即从7个基本号码中任取5个，共 C_7^5 种可能，剩下的2个号码来自除了7个基本号码和1个特殊号码之外的其他23个数字，从23个数字中选择2个数字，共有 C_{23}^2 种可能，由乘法原理，有 $C_7^5C_{23}^2$ 种可能。

另一种情况。单注投注号码与中奖号码中任4个基本号码与特殊号码相符。选中4个基本号码，即从7个基本号码中任取4个，共 C_7^4 种可能，从1个特殊号码中选择1个，共1种可能，剩下的2个号码来自除了7个基本号码和1个特殊号码之外的其他23个数字，从23个数字中选择2个数字，共有 C_{23}^2 种可能，由乘法原理，共有 $C_7^4C_1^1C_{23}^2$ 种可能。

两种情况合并，中五等奖的概率为 $P=\frac{C_7^5C_{23}^2}{C_{31}^7}+\frac{C_7^4C_1^1C_{23}^2}{C_{31}^7}=\frac{14674}{2629575}=5.57\times10^{-3}$；

六等奖。两种情况：一种是单注投注号码与中奖号码中任4个基本号码相符。选中4个基本号码，即从7个基本号码中任取4个，共 C_7^4 种可能，剩下的3个号码来自除了7个基本号码和1个特殊号码之外的其他23个数字，从23个数字中选择3个数字，共有 C_{23}^3 种可能，由乘法原理，有 $C_7^4C_{23}^3$ 种可能。

另一种是投注号码与中奖号码中任3个基本号码与特殊号码相符。选中3个基本号码，即从7个基本号码中任取3个，共 C_7^3 种可能，从1个特殊号码中选择1个，共1种可能，剩下的3个号码来自除了7个基本号码和1个特殊号码之外的其他23个数字，从23个数字中选择3个数字，共有 C_{23}^3 种可能，由乘法原理，共有 $C_7^3C_1^1C_{23}^3$ 种可能。

两种情况合并，故中六等奖的概率为

$$P=\frac{C_7^4C_{23}^3}{C_{31}^7}+\frac{C_7^3C_1^1C_{23}^3}{C_{31}^7}=\frac{1213970}{2629575}=4.7\times10^{-2}。$$

从上面的计算可以看出，中一等奖的概率非常小。

10　抛硬币游戏

甲乙两人玩抛硬币游戏，谁先掷出正面，谁就赢了，游戏结束。由甲开始掷硬币，求甲赢的概率。

➤ 关键词：古典概型

情况1：甲只掷了一次就赢了，意味着第一次甲掷出正面，则概率为1/2。

情况2：一共进行三次抛硬币试验甲就赢了，意味着第一次甲掷出反面，乙掷出反面，甲再掷出正面，则概率为$\frac{1}{2}\times\frac{1}{2}\times\frac{1}{2}=\left(\frac{1}{2}\right)^3$。

情况3：一共进行五次抛硬币试验甲就赢了，意味着甲掷出反面，乙掷出反面，甲再掷出反面，乙掷出反面，甲掷出正面，则概率为$\left(\frac{1}{2}\right)^5$。

以此类推，可以看出试验次数必须为奇数，若$n=2k+1$，则第n次甲赢的概率为$\left(\frac{1}{2}\right)^{2k+1}$。把以上情况综合起来，发现该数列为首项为$\frac{1}{2}$，公比为$\frac{1}{4}$等比数列，则甲赢的概率为：

$$\frac{1}{2}+\left(\frac{1}{2}\right)^3+\cdots+\left(\frac{1}{2}\right)^{2k+1}+\cdots=\frac{\frac{1}{2}}{1-\left(\frac{1}{2}\right)^2}=\frac{2}{3}$$

上面求的是抛硬币游戏中甲赢的概率，那么在剪刀石头布中甲赢的概率呢？请看第二篇第16个案例。

11　玩扑克牌时拿到大小王的概率

一副扑克牌共计54张，其中两张大小王。有3个人玩牌，每人18张，则有一个人拿到了0个、1个、2个大小王的概率为多少？

关键词：古典概型

用随机变量X表示拿到大小王的个数，X=0意味着这个人没有拿到大小王，从除了大小王的52张扑克牌中任取18张，其余两个人没有什么特殊要求即从剩下的36张中选18张，给第二个人，剩下的扑克牌给第三个人。所以$P(X=0)=\frac{C_{52}^{18}C_{36}^{18}C_{18}^{18}}{C_{54}^{18}C_{36}^{18}C_{18}^{18}}=\frac{C_{52}^{18}}{C_{54}^{18}}=$0.4403。$X$=1意味着这个人拿到大小王中的一张，有2种选择，然后从剩下的52张扑克牌中任取17张，其余两个人没有什么特殊要求即从剩下的36张中选18张，给第二个人，剩下的扑克牌给第三个人。所以$P(X=1)=\frac{C_{2}^{1}C_{52}^{17}C_{36}^{18}C_{18}^{18}}{C_{54}^{18}C_{36}^{18}C_{18}^{18}}=\frac{2C_{52}^{17}}{C_{54}^{18}}$=0.4528。$X$=2意味着这个人拿到大小王，然后从剩下的52张扑克牌中任取16张，其余两个人没有什么特殊要求即从剩下的36张中选18张，给第二个人，剩下的扑克牌给第三个人，所以$P(X=2)=\frac{C_{2}^{2}C_{52}^{16}C_{36}^{18}C_{18}^{18}}{C_{54}^{18}C_{36}^{18}C_{18}^{18}}=\frac{C_{52}^{16}}{C_{54}^{18}}$=0.1069。

12 摸球的生意

隔壁老王想做个小生意，但是他本钱不多，那么他应该选择什么样的生意呢？既然本钱不多，自然也不能期望赚到大钱，所以他选择到处看看，能不能从别人的生意受到启发。去公园逛的时候，他在公园门前发现有套圈的、有砸金蛋的，还有飞镖扎气球等等，发现玩的人很多，因为玩一次花的钱不多，即使赢不了奖品，大家也就一笑置之，很少有人为了几块钱而闹得脸红脖子粗的。而且经过他观察发现这样的小生意好像也可以挣不少钱。他心动了，投资少，挣钱却不少的生意是他想要的。但是也不能和别人重复了，一个是形成竞争引起矛盾，另一个是客人会因此分流，挣的钱就少了。经过思考，他决定做个摸球的生意。买20个乒乓球，分别为10个白球和10个黄球。放到箱子里。顾客摸一次球需要缴纳10元，从箱子中摸出10个球。如果摸出10个同色的，则为一等奖，奖励50元；如果摸出9个同色的一个异色的，则为二等奖，奖励30元；如果摸出8个同色的2个异色的，则为三等奖，奖励25元；如果摸出7个同色的3个异色的，则为四等奖，奖励价值为20元的礼品一份；如果摸出6个同色的4个异色的，则为五等奖，奖励价值为15元的礼品一份；如果摸出5个白球和5个黄球，则为六等奖，奖励价值10元的礼品一份，总之不让客人空手而归。这样的摸球奖励方案，老王能挣钱吗？

关键词：古典概型

一等奖：20个球中有10个白球和10个黄球，从这20个球中摸出10个同色的球，可能为10个白球，也可能为10个黄球。从20个球中摸出10个球的摸法有 C_{20}^{10} 种，从10个白球中摸10个，摸法有1种。从10个黄球中摸10个，摸法有1种，两种情况共有2种，所以概率为 $\frac{1+1}{C_{20}^{10}}=\frac{2}{C_{20}^{10}}=\frac{2}{184756}=0.0000108$。

二等奖：20个球中有10个白球和10个黄球，从这20个球中摸出9个同色的球1个异色的球，可能为9个白球1个黄球，也可能为9个黄球1个白球。从20个球中摸出10个球的摸法有 C_{20}^{10} 种。从10个白球中摸9个，摸法有 $C_{10}^{9}=10$种，从10个黄球中摸1个，摸法有10种，共有 $10\times10=100$ 种。而9个黄球1个白球的摸法也有100种，两种情况共有200种，所以概率为 $\frac{100+100}{C_{20}^{10}}=\frac{200}{184756}=0.00108$。

三等奖：20个球中有10个白球和10个黄球，从这20个球中摸出8个同色的球2个异色的球，可能为8个白球2个黄球，也可能为8个黄球2个白球。从20个球中摸出10个球的摸法有 C_{20}^{10} 种。从10个白球中摸8个，摸法有 $C_{10}^{8}=45$种，从10个黄球中摸2个，摸法有 $C_{10}^{2}=45$种，共有 $C_{10}^{8}\times C_{10}^{2}=2025$种。而8个黄球2个白球的摸法也有 $C_{10}^{8}\times C_{10}^{2}=2025$种，两种情况共有 $C_{10}^{8}\times C_{10}^{2}\times 2=4050$种，所以概率为 $\frac{C_{10}^{8}\times C_{10}^{2}\times 2}{C_{20}^{10}}=\frac{4050}{184756}=0.0219$。

四等奖：20个球中有10个白球和10个黄球，从这20个球中摸出7个同色的球3个异色的球，可能为7个白球3个黄球，也可能为7个黄球3个白球。从20个球中摸出10个球的摸法有C_{20}^{10}种。从10个白球中摸7个，摸法有C_{10}^{7}=120种，从10个黄球中摸3个，摸法有C_{10}^{3}=120种，共有$C_{10}^{7}\times C_{10}^{3}=120\times 120=14400$种。而7个黄球3个白球的摸法也有14400种，两种情况加起来共有28800种，所以概率为$\frac{C_{10}^{7}\times C_{10}^{3}\times 2}{C_{20}^{10}}=\frac{28800}{184756}$=0.15588。

五等奖：20个球中有10个白球和10个黄球，从这20个球中摸出6个同色的球4个异色的球，可能为6个白球4个黄球，也可能为6个黄球4个白球。从20个球中摸出10个球的摸法有C_{20}^{10}种。从10个白球中摸6个，摸法有C_{10}^{6}=210种，从10个黄球中摸4个，摸法有C_{10}^{4}=210种，共有$C_{10}^{6}\times C_{10}^{4}=210\times 210=44100$种。而6个黄球4个白球的摸法也有44100种，两种情况加起来共有88200种，所以概率为$\frac{C_{10}^{6}\times C_{10}^{4}\times 2}{C_{20}^{10}}=\frac{88200}{184756}$=0.4773。

六等奖：20个球中有10个白球和10个黄球，从这20个球中摸出5个同色的球5个异色的球，可能为5个白球5个黄球，也可能为5个黄球5个白球。从20个球中摸出10个球的摸法有C_{20}^{10}种。从10个白球中摸5个，摸法有C_{10}^{5}=252种，从10个黄球中摸5个，摸法有C_{10}^{5}=252种，共有$C_{10}^{5}\times C_{10}^{5}=252\times 252=63504$种，而5个黄球5个白球的摸法也有63504种，两种情况加起来共有127008种，所以概率为$\frac{C_{10}^{5}\times C_{10}^{5}\times 2}{C_{20}^{10}}=\frac{127008}{184756}$=0.6874。

综上，一等奖的奖金为50元，中奖的概率为0.0000108，二等奖的奖金为30元，中奖的概率为0.00108，三等奖的奖金为25元，中奖的概率为0.0219，四等奖为价值20元的礼品，中奖的概率为0.15588，五等奖为价值15元的礼品，中奖的概率为0.4773元，六等奖为价值10元的礼品，中奖的概率为0.6874。因为要大量购买礼品，所以可以去批发市场购买，并能以半价买入。

假设一个月有10000人来摸球，则总收入为100000元。其中：

有0.0000108×10000=0.108次中一等奖，需要支出0.108×50=5.4元。

有0.00108×10000=10.8次中二等奖,需要支出10.8×30=324元。

有0.0219×10000=219次中三等奖，需要支出219×25=5475元。

有0.15588×10000=1558.8次中四等奖，需要支出1558.8×10=15588元。

有0.4773×10000=4773次中五等奖，需要支出4773×7.5=35797.5元。

有0.6874×10000=6874次中五等奖，需要支出6874×5=34370元。

总共需要支出91859.9元，这样一个月净赚100000-91859.9=8140.1元。所以老王这个生意是可以做的，只要找人流量大的地方就可以，而且也不用一次性购买非常多的礼品，够几天使用即可，这样本钱就不会压得太多。

13 使用扑克牌玩排火车游戏

甲乙两个人将扑克牌都反扣在桌子上，按顺序出牌，扑克牌的排列顺序是一个压一个，排起来特别像火车而得名，在排的过程中发现两张数字一样的扑克牌，下面的那张就成为火车头，上面的那张就是火车尾，最后出牌的人就可以开着火车头一直到火车尾，中间那些扑克牌都归你所有。假设甲乙两个人手中各有一副扑克牌，且均去掉大小王，甲先出扑克牌，求甲在第四轮第一次作为火车头收走扑克牌的概率（在此期间乙没有成功收走扑克牌）。

关键词：古典概型

甲第一次出一张牌，概率为1，乙出一张牌，则乙没有收走牌即意味着乙出的牌和甲出的牌的数字是不相同的，所以概率为 $\frac{52-4\times1}{52}=\frac{48}{52}$；

甲第二次出一张扑克牌，没有收走牌意味着他出的牌和第一轮出的两张牌是不一样的，所以他的选择是从52−8=44张牌中选择一张，概率为 $\frac{52-4\times2}{51}=\frac{44}{51}$；乙第二次出一张牌，没有收走牌意味着他出的牌和前面出的三张牌是不一样的，所以乙的选择是从52−12=40张牌中选择一张，概率为 $\frac{52-4\times3}{51}=\frac{40}{51}$；

甲第三次出一张牌，没有收走牌意味着他出的牌和前面的四张牌是不一样的，所以他的选择是从52–16=36张牌中选择一张，概率为 $\frac{52-4\times4}{50}=\frac{36}{50}$；乙第三次出一张牌，没有收走牌意味着他出的扑克牌和前面出的五张牌是不一样的，所以乙的选择是从52–20=32张牌中选择一张，概率为 $\frac{52-4\times5}{50}=\frac{32}{50}$；

甲第四次出一张牌，甲作为火车头成功的收走牌意味着他出的牌和前面的六张牌中的一张的数字是相同的，所以他的选择是有两种：一种是从他自己出的3张牌中选择一张，数字相同，选法有 $3\times3=9$ 种，另一种是从乙出的3张牌中选择一张，数字相同，选法有 $3\times4=12$ 种，所以概率为 $\frac{3\times3+3\times4}{49}=\frac{21}{49}$；

同理乙第四次出一张牌，作为火车头成功收走牌意味着他出的牌和前面的七张牌中的一张的数字是相同的，所以他的选择是有两种：一种是从他自己出的3张牌中选择一张，数字相同，因为同一数字的牌有4张，他已经出了一张，所以选法有 $3\times3=9$ 种；另一种是从甲出的4张牌中选择一张，数字相同，选法有 $4\times4=16$ 种，所以概率为 $\frac{3\times3+4\times4}{49}=\frac{25}{49}$。

两人都没有收走牌的概率为 $1-\frac{21}{49}-\frac{25}{49}=\frac{3}{49}$。

第一轮乙作为火车头收走牌的概率为4/52=0.0769，第二轮乙作为火车头收走牌的概率为11/51=0.216，第三轮乙作为火车头收走牌的概率为18/50=0.36，第四轮乙作为火车头收走牌的概率为25/49=0.51，随着出的牌数的增多，乙能作为火车头收走牌的概率会越来越大。

第二轮甲第一次作为火车头收走牌的概率为7/51=0.137，第三轮甲第一次作为火车头收走牌的概率为14/50=0.28，第四轮甲第一次作为火车头收走牌的概率为21/49=0.429，随着出的牌数的增多，甲能第一次作为火车头收走牌的概率会越来越大。但是没有乙第一次作为火车头收走牌的概率大，即针对首先作为火车头收走牌这个问题上先手的优势小于后手。

14　卸货问题

甲乙两辆物流车驶向一个门前不能同时停两辆车的菜鸟驿站，它们在一昼夜内到达的时间是等可能的，若甲车的卸货时间为一小时，乙车的卸货时间为两小时，求它们中任何一辆都不需要等候的概率。

关键词：几何概型

设x，y分别为甲、乙两物流车到达菜鸟驿站的时间，一昼夜共计24小时，则样本空间$\Omega=\{(x,y)|0\leqslant x\leqslant 24,0\leqslant y\leqslant 24\}$，其面积为$24^2$，记事件$A$为不需要等候，如果甲先到，则乙必须一个小时后再到，即$y-x>1$，如果乙先到，则甲必须2个小时后再到，即$x-y>2$。于是$A=\{(x,y)|y-x>1或x-y>2\}$，其面积$S_A=\frac{1}{2}\times 23^2+\frac{1}{2}\times 22^2$，从而$P(A)=\frac{S_A}{S_\Omega}=\frac{23^2+22^2}{2\times 24^2}=0.879$。

15 能组成三角形的三节棍

常见的刀枪剑戟属于硬兵器，而软鞭、三节棍等为软兵器。软兵器可以折叠或缠绕，携带方便，且善于变向攻击，方式刁钻，可以出奇制胜，使敌人摸不着头脑。

三节棍是由三条等长的短棍中间以铁环连接而成，又称“三节鞭”。三节棍的用法多变依赖于其握法的灵活多样。两只手分持两端的节，则三节皆能使用，此时可以组成一个三角形。下面我们考虑总长度为a的三节棍。如果三节棍的三节不等长，能组成三角形的概率。

❥ 关键词：几何概型

设三节长度分别为x，y，$a-x-y$，则满足如下条件：

$$\begin{cases} 0<x<a \\ 0<y<a \\ 0<a-x-y<a \end{cases},$$

所以总的样本空间的所有的点满足

$$\begin{cases} 0<x<a \\ 0<y<a \\ 0<x+y<a \end{cases}。$$

样本空间的面积为$\frac{1}{2}a^2$。构成一个三角形，则需要满足两边

之和大于第三边，所以有：

$$\begin{cases} x+y>a-x-y \\ x+a-x-y>y \\ y+a-x-y>x \end{cases},$$

则$\begin{cases} 0<x<a/2 \\ 0<y<a/2 \\ x+y>a/2 \end{cases}$，此时构成一个三角形，面积为$\frac{1}{8}a^2$，从而

概率为$P=\dfrac{\frac{1}{8}a^2}{\frac{1}{2}a^2}=\dfrac{1}{4}$。

16 如何计算圆周率

圆周率是圆的周长与直径的比值，一般用希腊字母π表示，是一个我们从小学就开始接触的常数。无理数e也是常数。下面看看圆周率的具体数字的演化过程。约公元前1世纪的《周髀算经》（证明了勾股定理）就有“径一而周三”的记载，直径为1，则周长为3，即π=3。汉朝时，张衡推算出圆周率等于根号十（约为3.162）。南北朝时期祖冲之推算出圆周率在3.1415926～3.1415927之间。魏晋时期著名数学家刘徽用“割圆术”计算圆周率，给出3.141024的圆周率近似值。

蒲丰是法国著名的数学家。一天，蒲丰拿出一张画满了等距离的平行线的纸，并找了许多长短一样的小针，并且每根针的长度都是平行线间距的一半。请他的朋友们随意地把针扔到白纸上。在朋友们扔针的时候，蒲丰在旁边记数。统计的结果是一共扔了2212次，其中与平行线相交了704次，用2212除以704，等于3.142。然后他宣布圆周率约等于3.142。而且随着试验次数的增加，圆周率的精度就越高，这就是著名的蒲丰投针问题，由于里面涉及积分，我们用随机模拟的方法来求圆周率的近似值。

有一个中心在原点的边长为2的正方形，并画出其内切圆，内切圆为半径为1的单位圆。现在向正方形中随机的投点，统计

落在圆内的点和正方形内的点的个数，求出点落在单位圆中的概率。假设一共投了500000次，则圆周率的近似值为多少？

关键词：几何概型

由几何概型的知识知道，点落在单位圆中的概率为单位圆的面积与正方形的面积的商。将该试验大量重复的进行，由大数定律，当试验次数非常大时，频率的稳定值为概率，这样得到的频率值近似等于概率。所以点落在单位圆中的概率为 $p=\frac{S_{圆}}{S_{正方形}}=\frac{\pi\times1^2}{2\times2}=\frac{\pi}{4}$，所以 $\pi=4p$。试验次数 $N=500000$ 次，落入单位圆内的点的个数为392524个，则点落在单位圆中的频率为392524/500000=0.785048，即概率为0.785048，故圆周率的近似值为3.140192。

17 钥匙开门问题

某人有10把外形完全相同的钥匙，但是只有一把可以打开他家的门。一天晚上他下班后回家，到家门口时发现楼道停电了，而且他的手机也没电了，只好摸出钥匙，一把一把地试着开门，如果不是大门的钥匙，则把它分到一边。求他不超过4次就打开大门的概率。

关键词：乘法公式

用随机变量X表示这个人试过的钥匙数，则X的取值为1，2，3，…，10。$X=1$意味着第一次试的钥匙就打开了大门，所以概率为$P(X=1)=\frac{1}{10}$。$X=2$意味着试了第二把钥匙才打开大门，说明第一次没有打开大门，不是大门的钥匙，所以概率为$P(X=2)=\frac{9}{10}\times\frac{1}{9}=\frac{1}{10}$。$X=3$意味着试了第三把钥匙才打开大门，说明前两次都没有打开大门，都不是大门的钥匙，所以概率为$P(X=3)=\frac{9}{10}\times\frac{8}{9}\times\frac{1}{8}=\frac{1}{10}$。以此类推，得$P(X=4)=\frac{9}{10}\times\frac{8}{9}\times\frac{7}{8}\times\frac{1}{7}=\frac{1}{10}$。所以不超过4次就打开大门的概率为$P(X=1)+P(X=2)+P(X=3)+P(X=4)=\frac{1}{10}+\frac{1}{10}+\frac{1}{10}+\frac{1}{10}=\frac{4}{10}$。

18　送月饼导致的分手

有一个男青年参加相亲后，同时与四个相亲对象保持联系，认为这种方法可以提高他结婚的成功率。到了中秋节，他准备了四盒月饼，里面分别藏着写了不同女孩名字的四张卡片寄了出去。由于他工作比较繁忙，就委托小明去帮他送月饼，小明是一个不负责任的马大哈，拿到要送的四盒月饼后由于他分不清楚到底应该送给哪个女孩了，所以胡乱地将四盒月饼给了四个女孩，却不知道卡片和人是否对应。

如果某个女孩正确地收到了自己的礼物，那么她会很高兴，但是如果收到的是写了别人名字的礼物，那肯定是没戏了。假如小明送月饼的行为是完全随机的，请问这四个女孩都跟该男青年分手的概率是多少？

关键词：加法公式

这是一个配对问题。设 $A_i=\{$第 i 个人收到送给自己的礼物$\}$，$i=1,2,3,4$，则四个女孩都跟这个男青年分手意味着她们都没有收到送给自己的礼物，四份礼物都送错了。其对立事件是至少有一人收到送给自己的礼物，即有可能有一个人收到的是送给自己的礼物，也可能有2人收到的是送给自己的礼物，还可能有3

个人收到的是送给自己的礼物，这些情况可以用 $A_1 \cup A_2 \cup A_3 \cup A_4$ 表示。其概率为 $P(A_1 \cup A_2 \cup A_3 \cup A_4)$。

情况1：只有一个人收到的是送给自己的礼物。第 i 个女孩收到的是送给自己的礼物的概率为 $P(A_i)=\frac{1}{4}$，因为有四个女孩，所以共有4种可能；

情况2：只有2个人收到的是送给自己的礼物。第 i 个和第j个人收到的是送给自己的礼物的概率为 $P(A_iA_j)=\frac{1}{4}\times\frac{1}{3}$，这种情况共有6种可能；

情况3：3个人收到的是送给自己的礼物的概率为 $P(A_iA_jA_k)=\frac{1}{4}\times\frac{1}{3}\times\frac{1}{2}$，共有4种可能；4个人收到的是送给自己的礼物的概率为 $P(A_1A_2A_3A_4)=\frac{1}{4!}$，共有1种可能。由概率的加法公式得：

$$P(A_1 \cup A_2 \cup A_3 \cup A_4)=P(A_1)+P(A_2)+P(A_3)+P(A_4)-P(A_1A_2)-P(A_1A_3)-P(A_1A_4)-P(A_2A_3)-P(A_2A_4)-P(A_3A_4)+P(A_1A_2A_3)+P(A_1A_3A_4)+P(A_2A_3A_4)+P(A_1A_2A_4)-P(A_1A_2A_3A_4)=4\times\frac{1}{4}-6\times\frac{1}{4\times3}+4\times\frac{1}{4\times3\times2}-\frac{1}{4!}=\frac{15}{24}$$

四个女孩都跟这个男青年分手的概率为 $1-\frac{15}{24}=\frac{9}{24}$。

也可以直接考虑四个女孩均未收到送给自己的礼物，令礼物的编号为1，2，3，4，女孩的编号也是1，2，3，4，则每个人都没有收到送给自己的礼物，有如下可能：2143，2341，2413，3412，3421，3142，4312，4321，4123共计9种情况，4件礼物送给四个女孩共 $4\times3\times2\times1=24$ 种，所以四个女孩均未收到送给自己的礼物的概率为 $\frac{9}{24}$。

19　公司帮你清空购物车

每到春节前，全国的绝大多数公司都会在年终举办年会，为了活跃气氛，会安排抽奖环节，让每个员工都抽到奖品，欢欢喜喜过大年。但是有一个公司设置了特等奖——清空购物车，即为获奖的员工清空购物车。抽奖箱里放了20个不同颜色的球，每次从中任取一个，有放回地摸取20次，如果摸到的这20个球为不同颜色的球，则为特等奖。那么中特等奖的概率为多大？当然得提前声明清空购物车的上限金额，比如房子、跑车之类的是不可以的。

关键词：变量的分解

用随机变量X表示摸取的20个球中不同颜色的球的数目，将X分解，用$X_i=1$表示第i种颜色至少摸到一次，$X_i=0$表示第i种颜色一次没有被摸到，即20次摸球中的每一次摸到的都是其他的19种颜色的球，所以概率为19/20，摸了20次球，概率为$P(X_i=0)=\left(\frac{19}{20}\right)^{20}$，$P(X_i=1)=1-P(X_i=0)=1-\left(\frac{19}{20}\right)^{20}$，$i=1,2,\cdots,20$，由于$X=\sum_{i=1}^{m}X_i$，若$X$=20，则意味着每一次都取得的是不同颜色的球，且每次摸到什么颜色的球都是独立的，故

$$P(X=20)=P(X_1=1,X_2=1,\cdots,X_{20}=1)=P(X_1=1)P(X_2=1)\cdots$$

$P(X_{20}=1)=\left[1-\left(\frac{19}{20}\right)^{20}\right]^{20}$=0.000139。所以得到特等奖即清空购物车是一个小概率事件，当然礼物的价值可以适当高一些，其他奖项设置时可以设计得概率大一些，礼物的价值可适当小些。

20　使用概率破译密信

有一天小明收到一封信，信上的内容如下：

XBW HGQW XS ACFPSUWG FWPGWXF CF AWWKZV CDQJCDWA CD BHYJD DJXHGW；WUWD XBW ZWJFX PHGCSHF YCDA GSHFWA LV XBW KGSYCFW SI FBJGCDQ RDSOZWAQW OCXBBWZA IGSY SXBWGF.

信上写的什么内容呢？

我们先来了解下相关知识。

频率的定义：若在相同条件下进行n次试验，事件A发生了k次，则称比值k/n为事件A发生的频率。

历史上有人做过抛硬币试验，发现如果做大量的重复抛硬币试验，比如抛硬币10000次，正面向上出现的频率会集中在0.5附近，则把频率的稳定值0.5称为正面向上的概率。所以我们认为如果抛掷一枚质地均匀的硬币，则正面向上的概率为0.5。

概率的统计定义：大量重复试验下频率的稳定值。

根据概率的统计定义，可以解决非常多的问题。比如在古典密码学中，根据英文字母出现的频率，可以破译一些简单的古典密码，这种方法称为频率攻击法。

经统计，英文字母中e出现的频率是最高的，为12%；字母

t,a,o,i,n,s,h,r为6%~9%，为高频字母；字母v,k,j,x,q,z出现的概率小于1%，为低频字母。

双字母中，th,he,in,er,an,re,de,on,es,st,en,at,to等出现的频率较高。三字母中the,ing,and,her,ent出现的频率较高。

最经典的例子是英国的阿瑟·柯南道尔写的小说《福尔摩斯探案集》，其中有一个案情的名字为跳舞的小人，英文为the adventure of dancing men。在这部分内容里面，福尔摩斯收到的是一些有不同动作的跳舞的小人的纸条。他利用英文字母出现的频率，找出出现次数最多的跳舞小人的动作，将其确定为字母E，然后再根据女主人公的名字ELISE确定出字母LIS，进而根据故事发生的背景把里面的跳舞小人动作都解密成英文字母，最后完成破译工作。

我们来仔细观察小明收到的这封信。

（1）这封信内容中间有空格，显然是单词间的间隔。

（2）把各个字母出现的频数写出来，观察到字母W出现的频数最多，将其解密为e。

A	B	C	D	E	F	G	H	I	J	K	L	M	N	O	P	Q	R	S	T	U	V	W	X	Y	Z
7	8	10	9	0	10	10	6	2	5	2	1	0	0	2	3	4	1	9	0	2	2	20	9	4	4

（3）有三个字母组成的XBW出现了三次，作为一个单词在一段话里面出现的频率如此高，可以猜测其为the。这样字母X为t，字母B为h，字母W为e。

然后将刚知道的这些信息填入对应字母的下方。

（4）第一行第三个单词为XS，将其解密成to，即字母S

为o。

（5）最后一行SXBWGF。现在已经知道了othe__，可以想到单词others。即字母G为r，字母F为s。

（6）第一行第五个单词FWPGWXF。现在已经知道了se_rets，想到单词secrets。即字母P为c。

（7）第二行第五个单词WUWD，现在已经知道了e_e_，最常见的even,ever,但是字母r为G，所以推测为even，即字母U为v，字母D为n。

（8）观察第一句话，里面有CF，CD两个单词，此时有两种思路：一种是is，一种是as。如果解密成as，则没有谓语，所以试着解密成is，即字母C为i。

（9）第一行的第四个单词，这个单词现在为__iscover。想到的单词为discover。所以字母A为d。

（10）第三行单词SI，这个单词现在为o_。想到的单词为of。所以字母I为f。

（11）由第四行单词IGSY，可以推出该单词为from，即字母Y为m。由第三行单词KGSYCFW，可以推出该单词为promise，即字母K为p。第三行第三个单词为roused，即字母H为u。第二行第三个单词为human，即字母J为a。第一行第二个单词为urge。字母Q为g。

（12）剩下的内容就更容易猜了。比如AWWKZV可以解密成deeply，即字母Z为l，字母V为y。第三行四个单词LV中，字母L为b，即为by。第四行的第二个单词为withheld，即字母O为w。

第一个单词为knowledge，字母R为k。

XBW HGQW XS ACFPSUWG FWPGWXF CF AWWKZV

the urge to discover secrets is deeply

CDQJCDWA CD BHYJD DJXHGW; WUWD XBW ZWJFX

ingained in human nature even the least

PHGCSHF YCDA GSHFWA LV XBW KGSYCFW SI FBJGCDQ

cucrious mind roused by the promise of sharing

RDSOZWAQW OCXBBWZA IGSY SXBWGF.

knowledge withheld from others.

到此全文已经破译完成。即为：

The urge to discover secerts is deeply ingrained in human nature; even the least curious mind is roused by the promise of sharing knowledge withheld from others.

21 如何识别数据造假

美国安然公司曾是世界上最大的电力、天然气及电讯公司之一。2000年财富世界500强排名第16，这个拥有上千亿资产的公司2002年宣布破产，持续多年的财务数据造假丑闻随之曝光。据说财务数据造假被发现是因为公司公布的每股盈利数据严重偏离本福特定理。

甄别数据造假确实不容易，尤其是面对数据量比较大的情况。

1881年美国天文学家西蒙·纽康在查阅对数表（当时想知道对数只能通过去图书馆查对数表的方法）时发现了一个奇怪的现象：以1开头的数的那几页比其他页破烂得多，为此他进行统计，发现本福特定理。1938年，物理学家法兰克·本福特重新发现这个现象，还通过检查许多数据来证实这点。2009年，西班牙数学家发现素数数列中每个素数的首位数字有明显的分布规律，为素数的本福特定律。这项发现可以应用于欺骗检测和股票市场分析等领域。

关键词：本福特定理

我们来直观地看本福特定理。首先计算1到100的阶乘，然后提取100个结果的最高位数，统计首位数是1到9的频数，利用

python编程可得频数如下：

1∶30, 2∶18, 3∶13, 8∶10, 6∶7, 5∶7, 4∶7, 9∶5, 7∶3。即数字1出现了30次，数字2出现了18次，数字3出现了13次，数字4出现了7次，数字5出现了7次，数字6出现了7次，数字7出现了3次，数字8出现了10次，数字9出现了5次。则首位为数字1的频率为0.3，数字2的频率为0.18，数字3的频率为0.13，数字4的频率为0.07，数字5的频率为0.07，数字6的频率为0.07，数字7的频率为0.03，数字8的频率为0.1，数字9的频率为0.05。

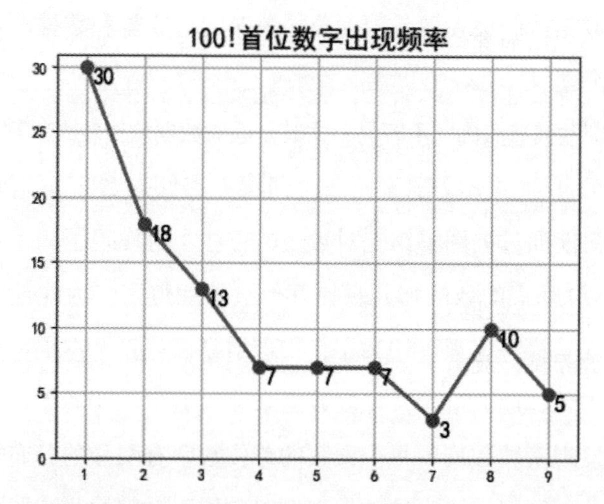

本福特和纽康都从数据中总结出首位数字为n的概率公式：$\log_d\left(1+\frac{1}{n}\right)$，其中$d$是根据采取的数的进制而定，比如对于十进制数，$d$=10；对于二进制数，则$d$=2。

利用上面的公式，可以计算出首位数字为1的概率为 $\lg 2=0.301030$，首位数字为2的概率为 $\lg\frac{3}{2}=0.176091$，首位数字为3的

概率为 $\lg\frac{4}{3}=0.0124939$，首位数字为4的概率为 $\lg\frac{5}{4}=0.124939$，首位数字为5的概率为 $\lg\frac{6}{5}=0.079181$，首位数字为6的概率为 $\lg\frac{7}{6}=0.066947$，首位数字为7的概率为 $\lg\frac{8}{7}=0.057992$，首位数字为8的概率为 $\lg\frac{9}{8}=0.051153$，首位数字为 $\lg\frac{10}{9}=9$ 的概率为0.045757。

应用本福特定律时的条件：（1）非人为规律；（2）数据跨度大，必须横跨好几个数量级才能使用。数据必须是不能按照规律排列的，比如身份证号码、发票编号，同时数据也不能经过人工干预，如果经过人工干预，数据就很难再符合本福特定律。因此这一条也成为鉴别账目数据是否经过人工改造的有利工具。即必须要求是自然数据才行，如手机号码、车牌号码、彩票号码、邮政编码等这些数据都不行。最经典的应用是用于识别财务造假，还有国家地区人口数量、GDP、国土面积、大选数据造假、门牌号码、放射性元素的半周期、数的阶乘、银行的账户金额等。

比如2020年我国公布的几百个城市的新冠肺炎确诊数据，有人怀疑数据造假。在2020年4月28日，美国达拉斯联邦储备银行研究部高级经济师克里斯托弗科赫和英国牛津大学赛德商学院研究员肯恩冈村联合发表了一篇论文，证明中国没有操纵疫情数字。这篇论文通过研究中国、意大利和美国三个国家疫情的实时数据，发现中国实时播报的疫情数字与美国、意大利的数字一样，其分布都符合本福特定律，不存在疫情数字被操纵的可能。

Chapter2　条件概率、全概率公式和独立性：抽签需要争称恐后吗

1.乘法公式

用于解决几个事件同时发生的概率。

$$P(A_1A_2A_3\cdots A_{i-1}A_i)=P(A_1)P(A_2|A_1)P(A_3|A_1A_2)$$
$$\cdots P(A_{i-1}|A_1A_2\cdots A_{i-2})P(A_i|A_1A_2\cdots A_{i-1})$$

2.全概率公式

已经知原因，求结果发生的概率。

若（1）$A_1,A_2,\cdots$，A_n 为样本空间 Ω 的一个分割，即满足 $A_1,A_2,\cdots$，A_n 两两互不相容且 $A_1\cup A_2\cup\cdots\cup A_n=\Omega$，（2）$P(A_i)>0$，$i=1,2,\cdots,n$，则有

$$P(B)=\sum_{i=1}^{n}P(A_i)P(B|A_i)$$

特别的，当n=2时，有$P(B)=P(A)P(B|A)+P(\bar{A})P(B|\bar{A})$，这是全概率公式最简单的情形。

3.贝叶斯公式

已经知道结果，求原因的概率。

贝叶斯公式是由英国的托马斯·贝叶斯（1702~1761）提出来的。贝叶斯主要研究概率论方面的知识，将归纳推理法用于概率论基础理论，并创立了贝叶斯统计。在他死后，他的朋友理查德·普莱斯在1763年整理发表了他的著作《几率性问题得到解决》，其中提出了贝叶斯定理，即

贝叶斯公式，是概率论中著名的四大公式之一。

由全概率公式，先把导致结果发生的所有的原因（前提）都找出来，则结果发生的概率等于导致这个结果发生的各个原因的概率与在该原因发生的条件下结果发生的概率的乘积的和，用数学公式表示为 $P(A_i|B)=\frac{P(A_i)P(B|A_i)}{\sum_{i=1}^{n}P(A_i)P(B|A_i)}$

最简单的形式为：$P(A|B)=\frac{P(A)P(B|A)}{P(A)P(B|A)+P(\overline{A})P(B|\overline{A})}$，其中$B$表示结果，$A$和$\overline{A}$表示造成结果的两个原因。即结果$B$发生了，该结果是由原因$A$造成的概率，可以表示为：分母是全概率公式表示的结果B的概率，分子是分母中的对应于原因A的项。

4.独立性

若事件A和B没有关系，称为独立，用数学的语言描述为：$P(AB)=P(A)P(B)$。只要满足这个式子，A和B独立。

5.n重贝努利试验

（1）重复独立试验

将同一个试验在相同的条件下，独立地重复n次，叫做n次重复独立试验。这时每次试验中出现哪个结果是独立的，不同次试验中的事件是相互独立的。

我们知道抛硬币试验中出现的结果有两种，正面（国徽）向上和反面向上。可以连续抛掷一枚质地均匀的硬币

2次。则这2次试验中每次试验出现哪种结果都是独立的，即第一次出现什么结果和第二次出现什么结果没有任何关系。此时为2次独立重复的试验。

（2）贝努利（Bernoulli）试验

只有2个不同结果的试验称为贝努利试验。这2个结果常记为A和$\bar{A}$，称为“成功”与“失败”。如合格与不合格，正品与次品，射击中击中目标和击不中目标，性别为男女等。贝努利试验是概率论中研究的最简单的试验。每次试验出现事件A的概率均相等。

（3）n重贝努利试验

将同一个贝努利试验独立地重复进行n次，称为n重贝努利试验。如：n次射击中击中目标的次数、有放回的抽样（抽牌、模球、检验产品）都属于n重贝努利试验。注意n重贝努利试验要求每次试验的结果只有两种，而且事件A发生的概率相等。

某人在打靶场对目标进行5次射击，每次射击要么击中要么没有击中，用事件A表示击中目标，$\bar{A}$表示没有击中目标即脱靶。且此人的命中率为1/3，即事件A的概率为1/3，用概率语言表示为$P(A)=1/3$，$P(\bar{A})=1-\frac{1}{3}=\frac{2}{3}$。求此人击中目标$k$次的概率。

由于每次射击是否能击中目标是独立的，且每次结果只有两种，为5重贝努利试验。

当k=0时，即5次射击中均脱靶，则5次射击都没有击中目标，事件$\bar{A}$出现5次，表示为$P(\bar{A}\cap\bar{A}\cap\bar{A}\cap\bar{A}\cap\bar{A})$。由独立性的定义，$P(\bar{A}\cap\bar{A}\cap\bar{A}\cap\bar{A}\cap\bar{A})=P(\bar{A})P(\bar{A})P(\bar{A})P(\bar{A})P(\bar{A})=\left(\frac{2}{3}\right)^5=\frac{32}{243}$。

当k=1时，即5次射击中有一次击中目标，则事件A出现了一次，事件$\bar{A}$出现4次，表示为此时有五种可能，第一种为第一次射击击中目标，其余均为脱靶；第二种为第二次击中目标，其余次均为脱靶；以此类推，第五种为最后一次击中目标，其余均脱靶。下面以第一种可能为例计算概率：$P(A\cap\bar{A}\cap\bar{A}\cap\bar{A}\cap\bar{A})=P(A)P(\bar{A})P(\bar{A})P(\bar{A})P(\bar{A})$ $=\frac{1}{3}\times\frac{2}{3}\times\frac{2}{3}\times\frac{2}{3}\times\frac{2}{3}=\frac{16}{243}$五种可能的结果均相同，所以$k$=1时，击中目标一次的概率为$\frac{16}{243}\times5=\frac{80}{243}$。

这个结果还可以理解为我们只要从5次射击中选择1次击中目标，其他次都脱靶，这样共有C_5^1中可能，1次击中目标的概率为1/3，其余四次均脱靶的概率为$\frac{2}{3}\times\frac{2}{3}\times\frac{2}{3}\times\frac{2}{3}$，将其乘在一起，就是$C_5^1\times\frac{1}{3}\times\frac{2}{3}\times\frac{2}{3}\times\frac{2}{3}\times\frac{2}{3}=C_5^1\times\left(\frac{1}{3}\right)\times\left(\frac{2}{3}\right)^4$。

当k=2时，即5次射击中有2次击中目标，则事件A出现了2次，事件$\bar{A}$出现3次，既然有2次击中目标，那么到底是

5次中的哪2次呢？这就需要从5次中挑出2次即可，剩余的3次自然是脱靶。用组合数表示为 C_5^2，2次击中目标的概率为 $\frac{1}{3}\times\frac{1}{3}$，其余3次均脱靶的概率为 $\frac{2}{3}\times\frac{2}{3}\times\frac{2}{3}$，将其乘在一起，就是 $C_5^2\times\frac{1}{3}\times\frac{1}{3}\times\frac{2}{3}\times\frac{2}{3}\times\frac{2}{3}=C_5^2\times\left(\frac{1}{3}\right)^2\left(\frac{2}{3}\right)^3$。

以此类推，可得当k=3时，击中目标3次的概率为 $C_5^3\times\left(\frac{1}{3}\right)^3\left(\frac{2}{3}\right)^2$。

当k=4时，击中目标4次的概率为 $C_5^4\times\left(\frac{1}{3}\right)^4\times\frac{2}{3}$。当$k$=5时，击中目标中5次的概率为 $C_5^5\times\left(\frac{1}{3}\right)^5\left(\frac{2}{3}\right)^0$。注意：$C_n^k=\frac{n!}{k!(n-k)!}$。

从而某人在打靶场对目标进行5次射击，命中率为1/3，则此人击中目标k次的概率为 $C_5^k\times\left(\frac{1}{3}\right)^k\left(\frac{2}{3}\right)^{5-k}$。

由上面例子分析，我们可以知道如下结论：

在n重贝努利试验中，若事件A出现的概率是p，则事件A出现k次的概率 $C_n^k p^k(1-p)^{n-k}$，$k=0,1,2,\cdots,n$。

01　如何知道一些个人隐私问题的数据

该案例的目的是想方设法得到别人不想告诉你的数据。有时候需要去调查一些敏感问题，例如一个学校的校领导想要知道究竟多少人谈恋爱，多少人考试作弊等，有多少教师对现行的绩效不满意，个人收入等问题。如果直截了当地去问，不一定能了解到真实的情况，而且容易让人反感。但是我们的本意不是去打探别人的隐私，我们想要调查的只是这一特征的人在人群中所占的比例。下面通过敏感性问题的调查方法来确定大学某门课程考试作弊的情况。

关键词：全概率公式

对于敏感性问题，采用直接询问的方式，调查者难以控制样本信息，得到的数据并不可靠，为了得到可靠的数据，要采取一种科学可行的技术——随机回答技术。所谓的随机化回答，采用的原理是，使用特定的随机装置，使得调查者回答敏感性问题的概率为预定的p，这个技术的目的是让调查者最大程度地保守秘密，以此获得他们的信任。

想知道正在谈恋爱的双方是否真正爱着对方，而不是另有目的，比如所谓的凤凰男，贪图女方的家庭财产，或者樊胜美之类

的。可采用如下方案设计：

问题A：你的生日的具体日期是奇数还是偶数？

问题B：你真的喜欢对方吗？有没有别的其他目的？

现在抛硬币决定回答问题A还是问题B。根据统计结果求出是否真的喜欢对方，而不是贪图对方的财产的概率。把回答答案是“是”的频率计算出来，即为P（是）。由全概率公式知：$P(是)=P(正面)P(是|正面)+P(反面)P(是|反面)$，即$\frac{k}{n}=\frac{1}{2}\times\frac{1}{2}+\frac{1}{2}\times p$，于是$P=\frac{\frac{k}{n}-\frac{1}{4}}{\frac{1}{2}}=\frac{2k}{n}-\frac{1}{2}$。设一共调查了50000人，回答“是”的有10000人，则认为不是真正的喜欢对方，贪图对方财产的概率为0.4。使用这种方法，被调查人没有抵触心理，填写的数据是真实的，现在谈恋爱考虑结婚对象也得非常慎重。

02 颈椎病的检验方法可靠吗

小王最近觉得脖子和肩膀有些不对劲，怀疑得了颈椎病，他又不愿意去拍片，听说有一种检验法可以用来检验是否患有颈椎病，他决定试一试。医生告诉他，对于确实有颈椎病的病人经过检验被认为患有颈椎病的概率为85%，没有颈椎病的人经过检验被认为有颈椎病的概率为4%，而且颈椎病发病率为10%。告诉这些信息后，让小王自行决定是否检验。小王记得以前学习过贝叶斯理论，决定去请教概率统计老师，他经检验被认为没有颈椎病，而他却患有颈椎病的概率。

关键词：贝叶斯公式

小王经过检验被认为没有颈椎病的概率该怎样计算呢？老师告诉他，需要几个已知数据：（1）颈椎病的发病率。有颈椎病的概率为10%；（2）确实有颈椎病的人经过检验被认为没有颈椎病的概率。这个概率需要小王去计算，为1–85%=15%，（3）有颈椎病且经过检验被认为没有颈椎病的概率。小王计算得到 10%×15%=0.015 ；（4）没有颈椎病且经过检验被认为没有颈椎病的概率，小王计算得 90%×96%=0.864 ，于是经过检验被认为没有颈椎病的概率为0.015+0.864=0.879。那么由贝叶斯公式，小王去检验被认为没有颈椎病而他实际有颈椎病的概率为 $\frac{10\% \times 15\%}{87.9\%} = 1.706\%$。老师告诉小王，这个概率非常小，可以放心地去做检验。

03 烽火戏诸侯

西周时期有个周幽王，十分宠爱一个叫做褒姒的女子。褒姒不爱笑，幽王为了博她一笑，想尽了一切办法，但褒姒仍然难得一笑。有大臣献计，可以点燃烽火台。周幽王为讨她的欢心，就同意了这个方法，命人点燃了预示犬戎来犯的烽火。诸侯见到烽火，全都赶来救援，但到达之后，却不见敌寇，乱作一团，褒姒看到混乱情况，哈哈大笑。幽王终于博得美人一笑，很高兴，因而又多次点燃烽火。后来诸侯们都不相信了，渐渐不来了。

我们可以使用贝叶斯公式来分析这个故事中诸侯对周幽王的可信度是如何下降的。

关键词：贝叶斯公式

这个故事分两个方面，一是周幽王，二是诸侯们。周幽王有两种行为：一是不说谎即点燃烽火真的因为犬戎来袭，二是说谎即点燃烽火是为了博得美人一笑；诸侯有两种行为：一是认为烽火就是犬戎来袭，二是认为点燃烽火是博得美人一笑的。

首先记事件A为“周幽王可信”，记事件B为“周幽王说谎”。不妨设诸侯过去对周幽王的印象为他可信的概率为0.95，不可信的概率为0.05，刚开始诸侯们对周幽王是很相信的，认为

可信的周幽王说谎的概率和不可信的周幽王说谎的概率分别为0.1和0.6，即 $P(A)=0.95$，$P(\bar{A})=0.05$，$P(B|A)=0.1$，$P(B|\bar{A})=0.6$，第一次诸侯赶来营救，发现犬戎没有来，即周幽王说了谎，由全概率公式，周幽王说谎的概率为

$$P(B)=P(B|A)P(A)+P(B|\bar{A})P(\bar{A})=0.1\times0.95+0.6\times0.05$$
$$=0.125$$

由贝叶斯公式，诸侯认为周幽王的可信程度为：

$$P(A|B)=\frac{P(B|A)P(A)}{P(B)}=\frac{0.1\times0.95}{0.1\times0.95+0.6\times0.05}=0.76$$

当诸侯上了一次当后，对周幽王可信程度由原来的0.95调整为0.76，在这个基础上，再用贝叶斯公式计算一次，即周幽王第二次说谎之后，诸侯认为周幽王的可信程度为：

$$P(A|B)=\frac{P(B|A)P(A)}{P(B|A)P(A)+P(B|\bar{A})P(\bar{A})}=\frac{0.1\times0.76}{0.1\times0.76+0.6\times0.24}$$
$$=0.345$$

这表明诸侯经过两次上当后，对周幽王的信任程度下降到了0.345，如此低的可信度，诸侯们再看到烽火时就不再赶来了。这个例子对人来说有很大的启发，即“某人的行为会不断修正其他人对他的看法”。其实，贝叶斯定理就是通过证据来修正/调整我们对事物的原本认知的。

可以用贝叶斯公式解决的问题很多。比如大家可以利用上面的案例自行分析伊索寓言中的“狼来了”的故事。

村子里有个放羊的小男孩，他整天在山上放羊，无所事事，非常无聊，有一天他突然心血来潮，想捉弄一下村民，于是大

喊：“狼来了！狼来了！”。正在地里干活的村民们听到他的叫喊声，赶快拿着锄头等工具上山去打狼。可是等他们赶到山上，发现没有狼。小男孩看见他们气喘吁吁的样子，觉得很有趣，哈哈大笑，说：“根本没有狼。我是在跟你们开玩笑的。”村民们很生气，下山回到田里。第二天，小男孩又在山上大喊狼来了，善良的村民们又拿着工具赶到山上，却再次被欺骗。到了第三天，狼真的来了。小男孩再喊狼来了，但是没有人来了。结果小男孩的羊被狼吃掉了。

案例分析：一开始村民对小男孩的印象很好，认为其可信的概率很高，当说了一次谎后，可信度变小。再说一次谎后，可信度又下降了，没有人再相信他了。具体计算过程和上面相同。

04　股票上涨问题

小明购买了三只股票，分别为A、B、C，所占的比例为9∶2∶1，它们在一段时间内价格上涨的概率之比为1∶2∶3。有一天小明发现他的账户金额变多了，发现有一只股票价格上涨了，问它是股票A的概率是多少？

关键词：贝叶斯公式

购买三只股票的概率分别为$P(A)=\dfrac{9}{9+2+1}=\dfrac{9}{12}$，$P(B)=\dfrac{2}{12}$，$P(C)=\dfrac{1}{12}$，用$D$表示股票上涨，则$P(D|A)=\dfrac{1}{1+2+3}=\dfrac{1}{6}$，$P(D|B)=\dfrac{2}{6}$，$P(D|C)=\dfrac{3}{6}$，由全概率公式，股票上涨可能是因为股票$A$，也可能是股票$B$，还可能是股票$C$，所以有：

$$\begin{aligned}P(D)&=P(A)P(D|A)+P(B)P(D|B)+P(C)P(D|C)\\&=\frac{9}{12}\times\frac{1}{6}+\frac{2}{12}\times\frac{2}{6}+\frac{1}{12}\times\frac{3}{6}=\frac{2}{9}\end{aligned}$$ 。

再由贝叶斯公式，得$P(A|D)=\dfrac{P(A)P(D|A)}{P(D)}=\dfrac{9}{16}$。即有一只股票上涨，则它是股票$A$的概率为9/16。

05 购买的韭菜合格吗

韭菜是一种非常受人欢迎的蔬菜，可用来包水饺、做菜饼等，很美味。但是韭菜的质量问题却非常让人不放心，因为它的农药残留经常超标。现在的韭菜实行追根溯源制，而号称无公害绿色有机韭菜就非常受欢迎。某地工商局对某大型超市的无公害绿色有机韭菜进行检验，看是否含有农药残留。据以往的资料知韭菜含有农药残留的概率为0.4，真有农药残留的韭菜被检验为不合格的概率为0.8，没有农药残留的韭菜被检验为合格的概率为0.9。今对一批韭菜进行了检验，结果是不合格，则此韭菜真含有农药残留的概率。

关键词：贝叶斯公式

先求经过检验韭菜不合格的概率。经过检验韭菜不合格，可能是因为韭菜真的含有农药残留，也可能是因为检验手段问题造成误检。韭菜含有农药残留的概率为0.4，而真有农药残留的韭菜被检验为不合格的概率为0.8，所以韭菜真有农药残留而且被检验不合格的概率为 $0.4\times0.8=0.32$。韭菜没有农药残留的概率为0.6，而韭菜没有农药残留却被检验不合格的概率为 0.1，所以韭菜没有农药残留而且被检验不合格的概率为 $0.6\times0.1=0.06$。由全概率公式，经过检验韭菜不合格的概率为 $0.4\times0.8+0.6\times0.1=0.38$。

由贝叶斯公式，经过检验韭菜不合格，此时韭菜确实有农药残留的概率为 $\dfrac{0.4\times0.8}{0.38}=\dfrac{0.32}{0.38}=0.84$。

06 飞机颠簸是否意味着出事

2014年马来西亚航空公司（Malaysia Airlines）MH370航班失踪。2019年埃塞俄比亚航空公司一架波音737 MAX8客机在飞往肯尼亚途中坠毁。

现在飞机成为人们首选的长途交通工具。但是由于经常在新闻中看到飞机失事，大家乘坐飞机时如果遇到飞机发生颠簸，可能会心里想到飞机失事。造成这种心理的原因是媒体对失事飞机的报道。事实上每天都有很多飞机航班，正常的航班不会有媒体报道，只有失事的航班才会报道。

在2016年，美国的4000多万次客运和货运航班中，只有10次发生了致命事故。对比美国机动车致命事故的1/114的几率，抛开你的恐惧，飞行真的非常安全。中国现在各大航空公司的飞机失事概率为平均20万分之一，有的年份能达到百万分之一。

据称，飞机失事致死的概率是1100万分之一，相当于一个人平均每天飞行一次，持续400万年才会死于致命空难。一个人平均每天可以飞行一次，持续400万年，才会死于致命的空难。如果我们乘坐飞机时遇到飞机颠簸，那么到底是遇到气流了还是飞机失事了呢？

我们用贝叶斯公式解决这个问题。

关键词：贝叶斯公式

假设乘飞机遇到气流的概率为0.95，失事的概率为1/4000000，那么遇到气流时飞机发生颠簸的概率为0.7，失事时发生的颠簸的概率为0.99，已知乘坐飞机时飞机发生了颠簸现象，那么遇到气流的概率为多少呢？

飞机发生颠簸的原因可能是只是遇到了气流，也可能是飞机失事，则由全概率公式，有

$$P(\text{飞机颠簸})=P(\text{飞机颠簸}|\text{气流})P(\text{气流})+P(\text{飞机颠簸}|\text{失事})P(\text{失事})=0.95\times 0.7+\frac{1}{4000000}\times 0.99。$$

由贝叶斯公式，有

$$P(\text{气流}|\text{飞机颠簸})\frac{0.95\times 0.7}{0.95\times 0.7+\frac{1}{4000000}\times 0.99}=0.99999963。$$

所以坐飞机发生颠簸，千万不要惊慌，一定是遇到气流了。这里顺便说一下，即使事件发生的概率为1，也不能说事件一定发生。即概率为1的事件不一定是必然事件。

07 是否感冒

假设1个人有没有感冒的概率都是50%。某个医生接诊的1000个感冒病人中有50个人有打喷嚏的症状，接诊的1000个未感冒的人中有1个人有打喷嚏的症状。现在接诊1个人，发现他打喷嚏，则这个人感冒的概率为多少？

关键词：贝叶斯公式

这个问题可以归结为求在打喷嚏的条件下，求这个人感冒的概率，即P(感冒|打喷嚏)。打喷嚏可能因为是感冒也可能是没有感冒，P(打喷嚏|感冒)=5%，P(打喷嚏|没感冒)=0.1%，根据全概率公式，有P(打喷嚏)=P(打喷嚏|感冒) P(感冒)+ P(打喷嚏|没感冒)P(没感冒)=5%×50% + 0.1%×50%=0.0255。于是由贝叶斯公式，有：

$$P(\text{感冒}|\text{打喷嚏})=\frac{5\%\times 50\%}{5\%\times 50\% + 0.1\%\times 50\%}=98\%$$

，因此，这个人感冒的概率是98%。也就是说只要打喷嚏，那么感冒的概率是非常大的。

08　不努力学习能不能考及格

按以往概率论与数理统计的考试结果分析，平时认真听讲独立完成作业的努力学习的学生有99%的可能考试及格，不听讲的学生有95%的可能考试不及格。据调查，学生中有90%的人是努力学习的，则（1）考试及格的学生为不认真听讲的学生概率为多少？（2）考试不及格的学生有多大可能是认真努力的学生？

关键词：贝叶斯公式

用事件A表示努力学习的学生，其对立事件为不认真听讲的学生，事件B表示考试及格的学生。在被调查的所有学生中，一个学生是努力学习的学生的概率为0.9，而努力学习的学生考试及格的概率为0.99，平时上课不认真听讲的同学考试不及格的概率为0.95，即 $P(A)=0.9$，$P(\bar{A})=0.1$，$P(B|A)=0.99$，$P(\bar{B}|\bar{A})=0.95$，故由贝叶斯公式知考试及格的学生为不认真听讲的学生的概率为

$$P(\text{不听讲}|\text{及格})=\frac{P(\text{及格}|\text{不听讲})P(\text{不听讲})}{P(\text{及格}|\text{不听讲})P(\text{不听讲})+P(\text{及格}|\text{听讲})P(\text{听讲})}$$

$$=\frac{0.05\times0.1}{0.99\times0.9+0.05\times0.1}=0.0056$$

即考试及格的学生中不努力学习的学生仅占0.56%，不劳而

获的概率非常小。

$$P(\text{听讲}|\text{不及格})=\frac{P(\text{不及格}|\text{听讲})P(\text{听讲})}{P(\text{不及格}|\text{不听讲})P(\text{不听讲})+P(\text{不及格}|\text{听讲})P(\text{听讲})}$$
$$=\frac{0.01\times0.9}{0.95\times0.1+0.01\times0.9}=0.0865,$$

即考试不及格的学生中努力学习的学生占8.65%。偶尔发挥失常，导致考试成绩不好，所以不光有期末考试，还得进行期中考试，并考虑平时表现，给出平时成绩，避免学生临阵磨枪。

09 你是哪种类型的投资人

证券公司将投资人分为五类：激进型、积极型、稳健型、谨慎型、保守型。

股票风险测评为激进型的投资者可以说是股票风险测评等级中更为追求高预期收益的人群，他们有一定的财务自由，不惧怕风险，渴求在股市中取得成功。但是，预期收益大风险也大，赌赢了，会获得翻几倍的预期收益；而赌输了，那就损失惨重。谨慎型和保守型不建议购买股票，稳健型以上可以购买股票。

据调查研究，这五类人中激进型的人所占的比例为5%，积极型的占15%，稳健型的占30%，谨慎型的占30%，保守型的占10%。假设购买股票盈利的概率依次为0.5，0.4，0.3，0，0，现知在一年内某人购买股票有了盈利，则他是“稳健型”的概率是多少？

关键词：贝叶斯公式

用事件A表示该投资者是激进型的，B表示该投资者是积极型的，C表示该投资者是稳健型的，D表示该投资者是谨慎型的，E表示该投资者是保守型的，F表示某人购买股票盈利，那么根据对投资者的限制，谨慎型的和保守型的都不能购买股票，所以购买股票盈利的概率为0。那么这个人购买股票盈利，意味着他可能是激进型、积极型、稳健型，由全概率公式他购买股票盈利的概率为 $5\% \times 0.5 + 15\% \times 0.4 + 30\% \times 0.3 + 30\% \times 0 + 10\% \times 0 = 0.175$，再由贝叶斯公式，他是稳健型的概率为 $P(\text{稳健型} \mid \text{盈利}) = \dfrac{30\% \times 0.3}{0.175} = 0.5143$。

10　百枚铜钱鼓士气

北宋皇祐年间，广西的侬智高起兵反宋，自称仁惠皇帝。朝廷几次派兵征讨，均大败而归。此时，大将狄青自告奋勇，要去征讨反贼。宋仁宗十分高兴，任命他为主帅。但是因为前面几次征讨都失败了，士兵的士气不高，为了振奋士气，狄青想出了一个掷百枚铜钱的办法。他率兵刚出桂林，就到神庙里拜神，祈求神灵保佑。然后拿出100枚铜钱，当着全体官兵的面祝告："如果上天保佑这次打胜仗，那么我把这100枚钱扔到地上时，请神灵使钱正面全都朝上。"在众目睽睽下，狄青扔下了100枚铜钱。待铜钱落地，众人便迫不及待地上前观看。不可思议的是，百枚铜钱竟真的全部正面朝上。士气大振，狄青也最终大胜而归。

➤ 关键词：全概率公式

我们知道铜钱正面向上和反面向上的概率均为0.5，扔100枚均正面向上的概率为$\left(\frac{1}{2}\right)^{100}$，这是一个非常小的小概率事件，一次试验中几乎不可能发生，而且狄青选择这样做，是不可能有失败的结果的。那么他怎么做的呢？原来他提前铸制了一百枚都是正面的铜钱，这样无论他怎样抛掷结果都是正面向上的，真正做到万无一失。我们再看下面的问题：

袋中装有50枚正品硬币，50枚次品硬币（次品硬币的两面均印有国徽），在袋中任取一枚，将它投掷10次，已知每次都得到国徽，则这枚硬币是正品的概率是多少？

用事件A表示投掷硬币10次都得到国徽，B表示这枚硬币为正品，则硬币是正品的概率为$P(B)=\frac{50}{50+50}=0.5$，将硬币掷了10次，那么这枚硬币要么是正品要么是次品，若该硬币是正品，则正品掷出国徽的概率为0.5，掷出的都是国徽的概率为$\left(\frac{1}{2}\right)^{10}=0.009765625$。若该硬币是次品，则次品掷出国徽的概率为1，所以10次掷出的都是国徽的概率为1。由全概率公式，10次都是国徽的概率为$0.5\times\left(\frac{1}{2}\right)^{10}+0.5\times1=0.500488$。即如果是一半正品一半次品的话，10次都是正面的概率约为0.5。

11　抽签需要争先恐后吗

某公司年终举办年终奖抽奖，奖箱里有一张是一等奖，要求1000个员工分别排队从奖箱里不放回抽取一张，拿到一等奖的那个员工可以得到公司老板清空购物车的奖励，问第i个员工抽到一等奖的概率。

➤ 关键词：乘法公式

第一个员工抽到一等奖的概率为1/1000，第二个员工抽到一等奖意味着前面的第一个人没有抽到，所以第二个员工抽到一等奖的概率为

$$P(\bar{A}_1A_2)=P(\bar{A}_1)P(A_2|A_1)=\frac{999}{1000}\times\frac{1}{999}=\frac{1}{1000}。$$

第i个员工抽到一等奖，而一等奖只有一个，所以意味着前面的$i-1$个员工均没有抽到，而且是不放回的抽奖，所以第一个员工没有抽到一等奖的概率为999/1000，在第一个员工没有抽到一等奖的前提下，第二个人没有抽到一等奖的概率为998/999，依次进行下去，在前面的$i-1$个人都没有抽到一等奖的条件下，第i个人抽到一等奖的概率为

$$P(\bar{A}_1\bar{A}_2\bar{A}_3\cdots\bar{A}_{i-1}A_i)=P(\bar{A}_1)P(\bar{A}_2|\bar{A}_1)P(\bar{A}_3|\bar{A}_1\bar{A}_2)$$
$$\cdots P(\bar{A}_{i-1}|\bar{A}_1\bar{A}_2\cdots\bar{A}_{i-2})P(A_i|\bar{A}_1\bar{A}_2\cdots\bar{A}_{i-1})$$
$$=\frac{999}{1000}\times\frac{998}{999}\times\frac{997}{998}\times\cdots\times\frac{1000-(i-1)}{1000-(i-2)}\times\frac{1}{1000-(i-1)}=\frac{1}{1000}。$$

综上所述，无论第几个抽，抽到一等奖的概率都是一样。抽签不必争先恐后。

12　比赛采取五局三胜还是三局两胜

我们知道大型的比赛一般采取五局三胜，为什么不采取三局两胜或七局四胜呢？因为三局两胜比五局三胜赢的偶然性要大些，而五局三胜制比七局四胜制的偶然性要大，但是七局四胜的比赛时间太长了，会令观众感到疲乏，要考验观众的耐心，可能有人会中途放弃，影响电视转播的收视率。再就是考虑运动员的体力问题。所以采取五局三胜的比赛更多些。

参加大型比赛，如果一局定胜负，则对优秀的选手不公平。谁也不能保证每次比赛都能正常发挥自己的真实水平。下面看为什么三局两胜比五局三胜的偶然性要大些。

问题如下：

甲乙两人进行羽毛球比赛，每局甲赢的概率为0.6，对甲来说，是三局两胜有利还是五局三胜有利？设每局胜负是独立的。

关键词：独立性

三局两胜。此时比赛结果为：甲甲甲，甲甲乙，甲乙甲，乙甲甲，乙乙甲，乙甲乙，甲乙乙，乙乙乙。因为三局两胜，所以只要甲赢两局，则甲一定会取得最终的胜利。而且甲前两局都赢的话，就不需要进行第三局的比赛。而甲最终取得胜利的有三种，甲甲，甲乙甲，乙甲甲。考察这三种情况，最后一局一定是甲赢，甲才可能取得最终胜利。所以甲最终取得胜利的概率为 $0.6^2+0.6\times0.4\times0.6+0.6\times0.6\times0.4=0.648$。

五局三胜。五局三胜的结果有：

只比了三局甲赢：甲甲甲甲甲，甲甲甲甲乙，甲甲甲乙甲，甲甲甲乙乙，这些实际上一种情况，即甲甲甲，概率为0.6^3。

比了四局甲才赢：甲甲乙甲甲，甲乙甲甲甲，乙甲甲甲甲，这些情形实际上第四局就已经看出甲赢了，只需比赛四局即可。如果比四局就能知道甲赢，则第四局一定得是甲赢，第五局不需进行。共3种情况，甲甲乙甲，甲乙甲甲，乙甲甲甲，即从前面的三局中选择两局甲赢即可，概率均为 $0.6^3\times0.4$。

比了五局甲才赢：根据上面分析知道最后一局甲得赢。所以从前面的四局中选择两局甲赢即可。有甲甲乙乙甲，甲乙乙甲甲，乙乙甲甲甲，甲乙甲乙甲，乙甲甲乙甲，乙甲乙甲甲，共六种情况，概率均为 $0.6^3\times0.4^2$。

根据前面的分析，如果甲想最终取得胜利的话，最后一局一定是甲赢。此时比赛结果有三种情况。第一种是总共进行了三局，概率为 0.6^3；第二种是总共进行了四局，有3种情况，概率为 $3\times0.6^3\times0.4=0.2592$；第三种是总共进行了五局，有6种情况，概率为 $6\times0.6^3\times0.4^2=0.20736$，因为这三种情况的事件是互不相容的，所以五局三胜时甲赢的概率为

$0.6^3+3\times0.6^3\times0.4+6\times0.6^3\times0.4=0.216+0.2592+0.20736=$ 0.68256。

即当甲的技术更好一些时，打的局数越多对他越有利。

同样的道理，可以求出七局四胜的概率。如果甲想最终取得胜利的话，最后一局一定是甲赢。此时比赛结果有四种情况。一种是总共进行了四局，概率为 0.6^4；第二种是总共进行了五局，最后一局是甲赢，那么乙从前面的四局中选择一局赢，概率为：$4\times0.6^4\times0.4$；第三种是总共进行了六局，最后一局是甲赢，那么乙从前面的五局中选择二局赢，概率为 $10\times0.6^4\times0.4^2$，第四种是总共进行了七局，最后一局是甲赢，那么乙从前面的六局中选择三局赢，概率为 $C_6^3\times0.6^4\times0.4^3$，所以七局四胜时甲赢的概率为：$0.6^4+4\times0.6^4\times0.4+10\times0.6^4\times0.4^2+20\times0.6^4\times0.4^3=0.710208$。

对三个数据比较，可以看出比的局数越多，对甲越有利。

13 是不是所有事情，坚持到底都能取得成功

某彩票每周开奖一次，每一次提供十万分之一的中奖机会，若你每周买一张彩票，尽管你坚持十年（每年52周）之久，你从未中过一次奖的概率是多少？

关键词：独立性

按假设，每次中奖的概率是10^{-5}，于是每次未中奖的概率是$1-10^{-5}$。十年共购买彩票520次，每次开奖都是相互独立的，故十年中未中过奖（每次都未中奖）的概率是$P=(1-10^{-5})^{520}\approx 0.9948$。而十年内至少中过一次奖的概率为0.0052，比起单次中奖来说，概率要稍微大些。革命未成功，还须努力。

某人从20岁开始坚持买彩票，一直到他80岁为止，60年每周买一次彩票，风雨无阻，一直坚持，那么从来都未中奖的概率为$(1-10^{-5})^{3120}\approx 0.9693$，而60年内至少中过一次奖的概率为0.0307，这说明对于买彩票来说，还真的不是坚持到底，就会胜利的，运气也非常重要。究其原因是因为买彩票随机性太高，中奖的概率很低。

其实赌博也是，经常听到赌博的人倾家荡产、妻离子散的事情，却很少听到有人通过赌博一夜暴富的。也就是说对于赌博这个事情，也不是坚持到底就能成功致富的。

14　白发苍苍的状元

“朝为田舍郎，暮登天子堂”，科举，是古代学子改变一生的捷径。一旦获得成功，直接从平民变成官身。古代的读书人大都从小立下志愿，勤学苦读，考取功名，有诗曰：“三更灯火五更鸡，正是男儿读书时。”

徐遹，字绍闻，瓯宁（今建瓯）人。北宋崇宁五年考中特科状元。旧志中记载：“特奏名，对策迎合意旨，擢第一，诏视正奏第一人恩例。”入直秘阁，任广德军知军。徐遹自幼勤奋读书，发愤图强，想考取功名，但是事与愿违，每每赴考，总是名落孙山。不过，徐遹非常执着，屡考不中，却屡败屡考。数次考试不中，从意气风发的青年变成了白发苍苍的老翁。很多人劝他放弃，孩子都成家立业了，可他就是不肯，认为自己空有满腹经纶，却无用武之地，不能报效国家，于是发誓不考取功名决不罢休。功夫不负有心人，当徐遹七十六岁时，顺利通过了乡试，进京赶考，高中了特科状元。

唐朝的尹枢，考上状元那一年，七十三岁，古稀之年。最令人惊讶的是，这个状元，是他毛遂自荐得来的。唐德宗贞元七年，礼部侍郎杜黄裳被委派为主考官，杜黄裳此人有治国之才，富有才华，且为人不拘一格，他召集五百多个考生，告诉他们，名额只有三十个，但是他不好抉择，希望考生们能推荐出三十个人。白发苍苍的尹枢走了出来，写完二十九个名字，竟是毫无差错，都是才华上等、名列前茅的人，十分公道。在场所有人都心悦诚服。名单上写了二十九人，却少了状元之位。然后他毛遂自荐道："今科状元非我莫属。"杜黄裳找出他的试卷仔细查看，果真才华斐然，当得上状元之名。于是就成了当科的状元，且他时年已经七十三岁。

清代小说家吴敬梓创作的长篇讽刺小说《儒林外史》中有一个故事为范进中举，范进时年五十余岁，连秀才都没考中，家中穷困不堪，考官周进见到他，便想起了自己当年的惨状，在惺惺相惜之下，将他录取为秀才，后来又将他录取为举人，因此上演了一出"范进中举"的癫狂闹剧。

现在我们来分析，为什么都古稀之年，白发苍苍，还能中举甚至是中状元？

关键词：独立性

唐朝是每年都设科取士，宋朝是三年一次，由于科举考试还分为不同的级别，有乡试、会试和殿试，一般乡试是在秋季举行，会试是在乡试结束后第二年春天举行，殿试紧随其后。

以徐遹为例，由于他自幼勤奋好学，可以假设他每次考中的概率是0.4，于是每次未考中的概率是0.6。宋朝是三年考一次会试和殿试，所以徐遹每三年参加一次考试，假设他从十九岁开始参加会试，每次都参加，到他七十六岁时，一共参加了19次考

试，故他一直未考中的概率为 $0.6^{19} \approx 0.000061$ 。而他在期间至少中过一次的概率为0.999939。所以他最后一次能考中举人的概率几乎是一定的。但是这并不能说明这个人一定会考中举人。因为就算概率为1，也不能说这个事情一定会发生。

“有志者，事竟成”，“只要功夫深，铁杵磨成针”，“水滴石穿”，都是说明做事情一定要有恒心，坚持到底就能成功，当然前提是你坚持做的事情的大方向要对，比如赌博、偷窃等还是不要坚持为好。

15　三人行，必有我师

孔子曰：三人行，必有我师焉。从字面上的理解就是，三个人在一起，其中必定有人在某个方面是值得我学习的，那他就可当我的老师，当然，这里的“三”应该作为虚数，泛指多人。再如“三个臭皮匠顶个诸葛亮”，“一人计短，二人计长”。

我们现在从概率的角度分析这些名言和俗语的正确性。有三个人共同思考解决某个问题的解决方法。假设甲能解决该问题的概率为1/2，乙能解决该问题的概率为1/3，丙能解决该问题的概率为1/4，则该问题被解决的概率为多少？

关键词：独立性

用事件A，B，C分别表示甲乙丙三人能解决该问题，则该问题被解决说明三个人中至少有一个人想出了解决方案。至少有一个人意味着可能有一个人想出了解决方法，也可能有两个人想出了解决方法，也可能三个人都想出了解决方法。这些可能我们用$A \cup B \cup C$表示，则由概率的独立性的加法公式得：

$$P(A \cup B \cup C)=1-P(\overline{A}\overline{B}\overline{C})=1-\left(1-\frac{1}{2}\right)\times\left(1-\frac{1}{3}\right)\times\left(1-\frac{1}{4}\right)=\frac{3}{4}。$$

该问题被解决的概率要大于单个人解决该问题的概率，即一人计短，二人计长。

16 剪刀石头布游戏

甲乙两人玩剪刀石头布游戏，两个人出剪刀石头布这三个手势都是等可能的。那么甲赢的概率有多少？

关键词：独立性

两个人玩剪刀石头布游戏，一共三种结果：甲赢、乙赢、平手。

$$P(\text{平局})=P(\text{平局}|\text{甲出剪刀})P(\text{甲出剪刀})+P(\text{平局}|\text{甲出石头})P(\text{甲出石头})+P(\text{平局}|\text{甲出布})P(\text{甲出布})$$

$$=P(\text{乙出剪刀}|\text{甲出剪刀})P(\text{甲出剪刀})+P(\text{乙出石头}|\text{甲出石头})P(\text{甲出石头})+P(\text{乙出布}|\text{甲出布})P(\text{甲出布})$$

$$=\frac{1}{3}\times\frac{1}{3}+\frac{1}{3}\times\frac{1}{3}+\frac{1}{3}\times\frac{1}{3}=\frac{1}{3}$$

第i局甲乙平局的概率为$\frac{1}{3}$，甲赢意味着前面都是平局。所以甲在第k局先赢的概率为$P(\text{甲}_{\text{平}}\text{甲}_{\text{平}}\cdots\cdots\text{甲}_{\text{平}}\text{甲}_{\text{赢}})=\left(\frac{1}{3}\right)^{k-1}\frac{1}{3}=\left(\frac{1}{3}\right)^{k}$。

那么甲有可能在第一局赢，也可能在第二局赢，……所以甲赢的概率为

$$\frac{1}{3}+\left(\frac{1}{3}\right)^{2}+\cdots+\left(\frac{1}{3}\right)^{k}+\cdots=\frac{\frac{1}{3}}{1-\frac{1}{3}}=\frac{1}{2}。$$

也可这样考虑：平局的概率为1/3，则甲乙两人一直打平局的概率为$P(甲_{平}甲_{平}\mathrm{L}甲_{平}甲_{平})=\left(\frac{1}{3}\right)^{k}$，极限为0。由对称性，$P(甲赢)=P(乙赢)$，而$P(甲赢)+P(乙赢)+P(甲乙平局)=1$，所以$P(甲赢)=0.5$。

17　求职问题

每年的秋季和春季是大学生找工作的季节，学生会参加各种招聘会，投递简历给用人单位，希望能得到面试的机会，进一步进入企业工作。就业指导老师除了指导学生如何更好地写简历，向企业介绍自己外，还鼓励各位同学尽量多投简历，增加就业的机会。

为什么要多投简历呢？当然是想大面积撒网，提高自己的就业机会。从概率的角度看这个问题。

关键词：独立性

小李同学投了n份简历，则至少有一家企业给他面试机会的概率为多少呢？假设小李是个自身条件不是特别突出的学生，即企业能给他面试机会的概率为0.5。每个企业是否让他去面试是独立的。事件A_i表示第i个企业给他面试机会，则至少有一家企业给他面试机会的概率为

$$P(A_1 \cup A_2 \cup \cdots \cup A_n) = 1 - P(\bar{A}_1)P(\bar{A}_2)P(\bar{A}_3)\cdots P(\bar{A}_n) = 1-(1-0.5)^n$$

当他投了2家企业，至少有一家企业给他面试机会的概率为$1-(1-0.5)^2$=0.75，当他投了10家企业，至少有一家企业给他面试机会的概率为$1-(1-0.5)^{10}$=0.999。

当然还有其他得到面试的机会的方法，比如小李的同学小王就业后，通过自己的努力得到企业的认可，然后再向自己工作的企业推荐小李去企业面试。由于小王的优异表现，小李也得到了面试的机会，这也是一种获得面试机会的方式。

18　骗子的广撒网手段

现在的骗子都是利用广撒网的方式来骗取别人的钱财。他们只需要注册虚拟电话，或者用别人的身份证办理不同的电话卡就可以用极小的花费骗取更多的钱财。《今日说法》上就有这样一期节目。一个男人，利用网聊同时与好几个女孩子交往。交往一段时间后就以各种借口借钱，比如来见面的路上遭遇了车祸，由于带的现金不够，借点钱来处理车祸等。总之是用各种理由来骗钱，还同时欺骗好几个人，以此来过上挥金如土的日子。但是通过《今日说法》等法制节目，公安机关的大力宣传，现在被骗的人可能会越来越少了。前几年还有伪造银行的短信来诱惑人妄图使其上当受骗。

2016年，天津的赵女士接到陌生的电话，被告知已被选为《中国好声音》的场外幸运观众，可获得一笔奖金，并发到她手机短信上一个链接。赵女士点击链接后，输入验证码，将自己的身份信息和账号信息填写上。第二天上午，她又接到电话，要求领奖金前先交押金500元，赵女士通过支付宝转给对方500元。后来又要交个人所得税等。就这样赵女士被骗了不少钱。这是想领奖受骗的。也有不领奖也受骗的。有一位赵先生，接到电话说其在《奔跑吧兄弟》节目中中奖12万元，而他确实关注该节目，便相信了。对方发来链接，让他填信息，他如实填写。第二天他接到电话，让其缴纳个人所得税6000元，但是他未予理会。过几天赵先生又接到电话，说因为他没有领奖，而被节目组起诉了，没有按照领奖的合同走，要赔偿违约金10万元。此时赵先生害怕了，就按照要求领奖，汇出个人所得税6000元。这样赵先生也受骗了。骗子之所以绞尽脑汁设计骗局，并天天打电话，就是知道肯定会有人上当受骗。我们从概率的角度出发研究这个问题。

关键词：独立性

用事件A_i表示第i个人会受骗，上当的概率为0.2，每个人是否会上当是独立的，则当骗子联系了20个人时，至少有一人会受骗给他汇款的概率为

$$P(A_1 \cup A_2 \cup \cdots \cup A_{20}) = 1 - P(\overline{A}_1)P(\overline{A}_2)P(\overline{A}_3)\cdots P(\overline{A}_{20}) = 1-(1-0.2)^{20} = 0.9884。$$

那么如何防止上当受骗呢？需要进行及时宣传，使大家都意识到各种骗局，这样上到受骗的人就会变少了。第一个人知道了这种骗局，他向周围的人宣传，那么此时每个人上当受骗就不是独立的了，他周围的30个人都知道这是骗局，那么此时这30个人都没有受骗的概率为

$$P(\overline{A}_1\overline{A}_2\cdots\overline{A}_{30}) = P(\overline{A}_1)P(\overline{A}_2\,|\,\overline{A}_1)P(\overline{A}_3\,|\,\overline{A}_1\overline{A}_2)\cdots P(\overline{A}_n\,|\,\overline{A}_1\overline{A}_2\cdots\overline{A}_{n-1}) = 0.8\times1\times1\times\cdots\times1 = 0.8。$$

如果不宣传，则这30人都没有受骗的概率为

$$P(\overline{A}_1\overline{A}_2\cdots\overline{A}_{30}) = P(\overline{A}_1)P(\overline{A}_2)\cdots P(\overline{A}_{30}) = (1-0.2)^{30} = 0.00124。$$

所以只要广泛宣传，大家都能意识到这些骗局，就不会再有人上当受骗。

19　超市试吃活动

大型超市里招聘某个品牌饼干的促销人员，对饼干举行试吃活动。那么为什么要进行试吃活动呢？这些促销人员会挑选对象进行试吃，尤其是逛超市的小朋友。促销人员大老远就招呼小朋友，这个饼干特别好吃，有好几种口味，来免费尝尝吧。小朋友好奇心一般都比较强，听见了基本上都会去试吃，然后促销人员问：好不好吃？大部分小朋友都会回答好吃，然后就诱导小朋友，让家长给你买盒饼干吧，如果家长不买，孩子会非常不高兴，甚至哭闹，最后家长只能购买该饼干。通过这种试吃活动，当天销售量一般都会大增。我们从概率的角度研究这个问题。

➤ 关键词：独立性

假设顾客购买这种饼干的概率为0.1（因为这种饼干是新牌子，而且一盒的重量少，价格相对不便宜），如果没有进行促销活动，销售量可能会很少，但是经过试吃，那么试吃的50个人中至少有一个人购买的概率为多少呢？每个人是否购买该饼干是独立的。事件A_i表示第i个人购买该产品，则

$P(A_1 \cup A_2 \cup \cdots \cup A_n) = 1 - P(\bar{A}_1)P(\bar{A}_2)P(\bar{A}_3)\cdots P(\bar{A}_n) = 1-(1-0.1)^{50} =$ 0.9948。

经过试吃，至少有一个人购买的概率为0.9948，说明促销是成功的。

20　超市促销活动会不会赔本赚吆喝

超市里某品牌的卫生巾买88元送88元，送的这88元，可以再选择88元的该品牌的指定产品，比如卫生纸。看到这种促销活动，相信很多女性会停下脚步，咨询一下具体的情况，毕竟这个活动太诱人了。促销的人员会说：只要花88元，你可以拿走88元的卫生巾，那88元的卫生纸就是免费送给你的了。为什么会选择88元？因为该品牌指定的卫生纸3包加起来价格正好刚刚超过88元。不会让顾客多加很多钱，而且因为卫生纸的个头比较大，带回家的时候很是醒目，可以起到做广告的作用。每次这种活动一搞，该品牌的卫生巾和卫生纸就会很快一扫而空。有人可能问：这样企业不是赔本了？其实这是薄利多销的策略，平时一天可能卖不了几包，但是一旦促销，可能一天的销售量会是一个很大的数目。当然肯定不会亏本，否则厂家不会做这种活动。而且顾客买回去发现产品确实好用，会再次购买，也起到了做广告的效果。

关键词：独立性

我们用事件 A_i 表示第i个人购买该产品，购买产品的概率为0.4，每个人购买该产品是独立的，n个人都买该产品的概率为

$P(A_1A_2\cdots A_n)=P(A_1)P(A_2)\cdots P(A_n)=0.4^n$。但是由于促销活动，通过购买的顾客无意间的宣传，则此时每个人购买该产品就不是独立的。第一个人购买了该产品，并且向第二个人宣传，由于平时关系非常好，很容易相信第一个人的话，则第二个人也购买的概率变成了1，他们再向其他人宣传，第三个人也购买的概率同样变成了1，以此类推，第n个人也购买的概率为

$$P(A_1A_2\cdots A_n)=P(A_1)P(A_2|A_1)P(A_3|A_1A_2)\cdots P(A_n|A_1A_2\cdots A_{n-1})=0.4\times1\times\cdots\times1=0.4$$。

从上面的数据看出，促销活动确实有效增加了销售量。消费者得到了实惠，厂家多卖了产品，超市也吸引了更多的顾客。

21　核酸检测使用10合1混采的合理性

2020年底大连出现了疫情，采取了全员核酸检测的措施。据统计，大连市人口为598.7万，全员核酸检测的代价非常大，但是为了防止疫情扩散，只能这样做。为了提高检验的效率，节省时间，采取“10合1混采”（10-in-1 test）检测技术。所谓10合1混采是用咽拭子在采样处反复擦拭几次来采集分泌物，然后将从10个人身上采集到的拭子，集合于1个采样管中进行核酸检测。如果“10合1”样本是阴性，那就说明10个人全是阴性；反之，如果样本呈阳性，则将10个人立刻单独隔离，再一对一单采单检，以最大限度提高检测效率。

假设每个人感染新冠病毒的概率为0.0004，混合10个人的分泌物，求此混合分泌物中含有新冠病毒的概率。

关键词：独立性

用 A_k 表示第k人感染新冠病毒，k=1,2,⋯,10，而事件B表示混合分泌物中有新冠病毒，即10人中至少有一人感染新冠病毒，所以 $P(A_1 \cup A_2 \cup \cdots \cup A_{10}) = 1 - [1 - P(A_1)][1 - P(A_2)]\cdots[1 - P(A_{10})] = 1 - (1 - 0.004)^{10} = 0.039$，所以采用10合1的方法检测出新冠病毒是个小概率事件，为了提高检测的效率，防止疫情扩散，是可以使用的。

1.贝努利分布

若随机变量X只取数值0和1，其分布律为：

$P\{X=1\}=p$，$P\{X=0\}=1-p \quad (0<p<1)$

则称X服从参数为p的0–1分布，也称为贝努利分布。

当随机试验只有两个可能的结果，比如产品质量合格与不合格，性别为男与女，考试成绩及格与不及格，对某种商品买或者不买等，我们都可以用服从贝努利分布的随机变量来描述试验的结果。贝努利分布其实就是贝努利试验，只有两种可能的结果。

2.二项分布

把贝努利试验独立重复的进行n次，就是n重贝努利试验。也就是下面介绍的二项分布。

若X的分布律为$P\{X=k\}=C_n^k p^k (1-p)^{n-k}$，$k=0,1,2,\cdots,n$，则称$X$服从参数为$n$，$p$的二项分布，记为$X \sim b(n,p)$，其数学期望为$np$。

n重贝努利试验是二项分布，有放回模型也是二项分布。是否为二项分布可以这样判断：每次试验只有两种结果，将该试验独立重复进行n次。

3.泊松（Poisson）分布

泊松分布是一种概率统计里常见到的离散概率分布，由法国数学家西莫恩·德尼·泊松（Siméon-Denis Poisson）在1838年时发现。

在一个十字路口利用秒表和计数器收集闯红灯的人数。第一分钟内有4个人闯红灯，第二分钟有5个人，持续记录下去，就可以得到一个模型，这便是“泊松分布”的原型。

泊松分布来自“排队现象”，常用于描述单位时间（或空间）内随机事件发生的次数。如汽车站台的候客人数，机器出现的故障数，一块产品上的缺陷数，某时间段内的电话呼叫、顾客到来、车辆通过等。在实际中，人们常把一次试验中出现概率很小（如小于0.05）的事件称为稀有事件。泊松分布主要刻画稀有事件出现的概率，如火山爆发、地震、洪水、战争等。

若X的可能取值为$0,1,2,\cdots,k,\cdots$，且$P\{X=k\}=\dfrac{\lambda^k}{k!}e^{-\lambda}$ $(\lambda>0，k=1,2,\cdots)$，则称X服从参数为λ的泊松分布，记为$X\sim P(\lambda)$，其数学期望为λ。

4.几何分布

假设贝努利试验中事件A发生的概率为$P（A）=p$，X表示A首次出现时的试验次数，则称X服从几何分布，分布律

为 $P\{X=k\}=p(1-p)^{k-1}, k=1,2,\cdots$，记为$X$~$Ge$（$p$）。其数学期望为$1/p$。

本部分案例中用到了如下结果：

$$\sum_{k=1}^{\infty}kx^k=x\sum_{k=1}^{\infty}kx^{k-1}=x\sum_{k=1}^{\infty}(x^k)'=x\left(\sum_{k=1}^{\infty}x^k\right)'=x\left(\frac{x}{1-x}\right)'$$
$$=x\left(\frac{1}{1-x}\right)^2,$$

将x=1/2代入得：$\sum_{k=1}^{\infty}k\left(\frac{1}{2}\right)^k=2$。

5.负二项分布

假设贝努利试验中事件A发生的概率为P（A）=p，X表示A第r次出现时所做的试验次数，则称X服从负二项分布，分布律为

$P\{X=k\}=C_{k-1}^{r-1}p^r(1-p)^{k-r}, k=r,r+1,\cdots$，记为$X$~$Nb$（$r,p$）。其数学期望为$r/p$。

01 “人多瞎胡乱，鸡多不下蛋”有无道理

机房里有30台电脑，为了保证电脑能正常工作，需要配备一些修理工。若电脑是否发生故障是相互独立的，且每台电脑发生故障的概率都是0.01（每台电脑发生故障可由一个人维修）。若一名修理工负责维修10台电脑，求电脑发生故障而不能及时维修的概率是多少？若有2名修理工共同维护30台电脑，求电脑发生故障而不能及时维修的概率是多少？

关键词：二项分布

设X表示一名修理工负责的10台电脑中同时发生故障的台数，每台电脑要么发生故障，要么没有发生故障，发生故障的概率为0.01，一共有10台电脑，所以X服从参数为n=10，p=0.01的二项分布。10台电脑中只有一个维修人员，则只要有一台以上电脑同时发生故障，就不能得到及时维修，而X取值为0，1，2，…，10，则所求概率为：

$P\{X \geqslant 2\} = 1 - P\{X = 0\} - P\{X = 1\} = 1 - 0.99^{10} - C_{10}^{1} \times 0.01 \times 0.99^{9} =$ 0.0047。

其中$X = 0$表示10台电脑中没有电脑发生故障，$X = 1$表示有一台电脑发生故障。

设X表示30台电脑中同时发生故障的台数，则X服从参数为n=30，p=0.01的二项分布。30台电脑中有2个维修人员，则只要有2台以上电脑同时发生故障，就不能得到及时维修，即求$P\{X \geqslant 3\}$，而X取值为0，1，2，…，30，则所求概率为：

$$P\{X \geqslant 3\} = 1 - P\{X = 0\} - P\{X = 1\} - P\{X = 2\} =$$

$$1 - 0.99^{30} - C_{30}^{1} \times 0.01 \times 0.99^{29} - C_{30}^{2} \times 0.01^{2} \times 0.99^{28} = 0.0036。$$

其中$X = 0$表示10台电脑中没有电脑发生故障，$X = 1$表示有一台电脑发生故障，$X = 2$表示有2台电脑发生故障。

通过上述结果，可以知2个人共同负责维修30台电脑比3个人分别负责30台电脑效率更高。从而说明“人多瞎胡乱，鸡多不下蛋”是有道理的。

02　肺炎疫苗有效吗?

已知每个人被肺炎传染的概率为0.25，现有一种针对肺炎的疫苗，用此药对选出的12个人进行了试验，结果这12个人都没有被感染，试问该疫苗对此病是否有效?

关键词：二项分布

对选出的每个人来说，要么感染肺炎，要么没有感染肺炎，对12个人进行了试验，可看作12重贝努利试验。用X表示12个人中被感染的人数，则X服从参数为n=12，p=0.25的二项分布。二项分布的分布律为$P\left(X=k\right)=C_{12}^{k}(0.25)^{k}(0.75)^{12-k}$，$k$=0,1,2,⋯,12。12个人都没有被感染，即$X$=0，所以概率为$P\left(X=0\right)=C_{12}^{0}(0.25)^{0}(0.75)^{12}=0.032$。这12个人都没有被感染的概率为0.032，概率比较小，说明疫苗有效。

03　保险公司的车险会亏本吗

设有1000辆车参加某保险公司的车险，并设每辆车在一年内出事故的概率为0.006，参保的车辆每年交保费2000元，而若车辆在这一年出事故，最多可从保险公司获得50000元补偿。保险公司赔本的概率有多少？

关键词：二项分布

用随机变量X表示一年内出事故的车辆数，对每辆车来说，在这一年内要么没有出事故，要么出事故，一共1000辆车，所以X服从n=12，p=0.25的二项分布，保险公司“赔本”等价于收取的保费少于赔付的钱，即 $50000X > 1000 \times 2000$， 解得 $X > 40$，意味着只要出事故的车辆数大于40，保险公司就会亏本。保险公司赔本的概率为 $P(X > 40) = \sum_{k=41}^{1000} C_{1000}^{k} 0.006^{k} \times 0.994^{1000-k}$，这个和不好算，而当参数$n$很大，而$p$很小时，二项分布的近似分布为泊松分布，所以概率近似为 $P(X > 40) \approx 1 - \sum_{k=0}^{40} \frac{6^{k} e^{-6}}{k!}$=0。即保险公司赔本的概率非常非常小，接近为0，为小概率事件。

04　随意猜测选择题答案，能得高分吗

2020年全国数学考试Ⅰ卷山东卷的单选题共有八道选择题，每题5分。一个考生随意地选择每题的答案，求他至少能得35分的概率。

关键词：二项分布

因为是单选题，答对每道题的概率为$\frac{1}{4}$，每题5分，至少能得35分意味着最少答对7道题，有两种可能：答对7道题、答对8道题。答对7道题，一共8道选择题，到底是哪7道题不确定，相当于从8道题中选择7道题，共有8种可能，所以答对7道题的概率为$8\times\left(\frac{1}{4}\right)^7\times\frac{3}{4}=\frac{24}{65536}$，8道题都答对的概率为$\left(\frac{1}{4}\right)^8=\frac{1}{65536}$。综合起来能至少答对7道题的概率为$\frac{24}{65536}+\frac{1}{65536}=0.00038$。靠着猜答案，得高分可能性非常小。所以平时学习一定要认真，不能指望运气。

05　心急吃不了热豆腐

在某交通路口，交警发现一小时内有人骑电动车交通违章的概率为80%，那么在10分钟内有电动车违章的概率为多少？

关键词：二项分布

把一小时分成6份，每份10分钟。一小时内有电动车发生交通违章，可能有一辆电动车，也可能有两辆，三辆，……，而一小时内没有电动车违章则意味着连续6个十分钟内都没有发生违章。而在10分钟内没有电动车违章，即违章的电动车数目为0。设10分钟内电动车违章的概率为p，则10分钟内没有电动车违章的概率为$1-p$。一个小时（6个10分钟）内都没有电动车违章的概率为$(1-p)^6=1-0.8=0.2$，求得$p=0.2353$。

同样的，如果我们认为做某个生意比较容易赚钱，也不能要求在短时间内就能实现盈利，比如开个小超市，首先得通过开业前几天搞活动发赠品等方式吸引客源，再慢慢稳定客源，进而继续发展客源等手段，慢慢实现盈利，心急吃不了热豆腐。

06　进货多少才能不脱销

某淘宝店出售某品牌的女装，根据历史销售记录知道，该女装每月的销售量服从参数为10的泊松分布。问在月初至少要进多少货，才能以0.999的概率保证衣服不脱销？

关键词：泊松分布

用随机变量X表示该品牌女装每月的销售量，则X服从参数为7的泊松分布，进货量用N表示，则脱销意味着销售量大于进货量，即$X > N$。所以不脱销的概率为$P(X \leqslant N)$，要求以0.999的概率不脱销，即$P(X \leqslant N) \geqslant 0.999$，利用泊松分布的表或者各种软件如EXCEL、SPSS、Matlab、Python、R等，均可以得到N=16。即月初至少进货16件，才能以0.999的概率保证衣服不脱销。

07　书上的错误

某人从不同的渠道买了两本价钱不同，而名字是完全相同的小说。等他打开这两本小说，发现这两本小说好像厚薄不一样，非常奇怪。仔细看了下，书名、作者、出版社等信息都是完全相同的，但是一本书看着比另一本书要厚一些，薄的那本书纸质不是特别好，读起来错别字很多，而且有些页缺失。他感觉可能买了一本盗版书。在概率论中一般认为书籍每页印刷错误的个数服从泊松分布。经他统计发现，在这本被认为是盗版的小说上，有一个印刷错误与有两个印刷错误的页数相同，把全部300页检查完后发现至少有10个错以上的页数为20页，问比较薄的那本小说的每页上的错误是否服从泊松分布？

关键词：泊松分布

用随机变量X表示比较薄的那本小说上每页的印刷错误的个数，则X服从参数为λ的泊松分布，即$X \sim P(\lambda)$，因为有一个印刷错误与有两个印刷错误的页数相同，而将k=1代入泊松分布的分布律得有一个印刷错误的概率为$P(X=1)=\frac{\lambda^1}{1!}e^{-\lambda}$，将$k$=2代入泊松分布的分布律得有2个印刷错误的概率为$P(X=2)=\frac{\lambda^2}{2!}e^{-\lambda}$，两者相等，所以$P(X=1)=\frac{\lambda^1}{1!}e^{-\lambda}=P(X=2)=\frac{\lambda^2}{2!}e^{-\lambda}$，从而求出$\lambda=2$。另一个条件为全部300页检查完后发现至少有10个错以上的页数为20页，即

$$P(X\geqslant 10)=1-\sum_{10}^{+\infty}\frac{2^k}{k!}e^{-2}=1-0.9999535=0.0000465。$$

若X服从泊松分布，则至少有10个错以上的页数应该非常少，但是题目里面给出的是全部300页检查完后发现至少有10个错以上的页数为20页，即频率为20/300=0.15，这两个数相差太远，所以该小说的每页上的错误不服从泊松分布。

08　飞机失事问题

被雷劈、中彩票、飞机失事、地震、火山爆发等小概率事件总是让人难以捉摸，它们很少发生，几乎无法预测，泊松分布正是用来描述那些无法预测的小概率事件发生次数的分布。在人们的日常生活里，飞机是一种非常方便的长途交通工具，用随机变量X表示一天内发生飞机事故的总数，因为全球一天内飞机的飞行的次数非常大，但是单架次飞机出现事故的概率非常小，则可以认为X服从泊松分布。假设泊松分布的参数为0.02，则一天内至少有一架飞机出事故的概率为多少？

◆ 关键词：泊松分布

用随机变量X表示一天内出事故的飞机数，则X服从参数为0.02的泊松分布，至少有一架飞机出事故，可能性非常多，比如有一架、有两架、有三架等，考虑它的对立事件，一天内没有飞机出事故，即X=0，而将k=0代入泊松分布的分布律得没有飞机出事故的概率为$P(X=0)=\frac{0.02^0}{0!}e^{-0.02}=e^{-0.02}=0.98$，所以一天内至少有一架飞机出事故的概率为1−0.98=0.02。这个结果会随着参数的变化而变化。

09　再来一瓶

为了争取顾客，促进销售，美汁源的“果粒橙”进行促销，促销手段是在瓶盖上印有“谢谢惠顾”“再来一瓶”。如果瓶盖上印有“再来一瓶”的字样，可在原购买处兑换一瓶，假设中奖率为2%。有一个人特别喜欢喝果粒橙，为了能中奖，他买了一瓶，打开看瓶盖，如果没有中奖，继续购买，一直到中奖为止。问他购买第10瓶才中奖的概率。

关键词：几何分布

购买第10瓶才中奖意味着前面9瓶都没有中奖，每次购买是否中奖是独立的，则这10瓶饮料的中奖情况为“未未未未未未未未未中”，中奖的概率为0.02，未中奖的概率未0.98，所以第10次才中奖的概率为 $(0.98)^9\times0.02=0.01667$，比单买一瓶中奖的概率还要低些。

10　有钱就是任性

社会上发行某种面值为2元的彩票，中奖率为2.8%。某人去购买彩票，若没中奖再继续买，直至中奖为止，问他第6次购买彩票中奖的概率。

关键词：几何分布

用随机变量X表示一直到中奖为止购买的彩票数，第6次购买彩票才中奖意味着前面五次都没有中奖，每次购买是否中奖是独立的，则X服从参数为0.028的几何分布。中奖的概率为2.8%，未中奖的概率为97.2%，则第6次购买中奖的概率为 $P(X=6)=0.972^5\times0.028\approx0.024$ 。第6次购买才中奖的概率小于单次购买中奖的概率。

11 上课点名被点到

在概率论与数理统计的课堂上，教师随机找同学回答问题，一次找一个同学，不重复，那么林同学在第6次被点名回答问题的概率为多少？假设每个人被点到的机会是相等的，概率为0.1。

关键词：几何分布

对于林同学来说，每次点名他都有两种结果，要么被点名，要么没有被点名，到了第6次点名才被点名，说明前面5次都没有被点名，而他在点名过程中是否被选中，是独立的，所以属于事件首次发生需要的次数。则概率为 $P(X=6)=0.9^5\times0.1=0.059$。

但是并不代表林同学就可以不听课了，只是被点名的概率相对比较小，并不是不可能事件。而且不可能事件有时也会变成小概率事件，比如2008年北京奥运会牙买加飞人博尔特一百米的记录是9秒70，打破了世界纪录，但是9秒58是不可能事件。而2012年他跑出9秒58的成绩，那么100米用时9秒58就是一个小概率事件，而不再是不可能事件。

12　三顾茅庐

官渡大战后曹操打败了刘备，并且为了得到刘备的谋士徐庶，谎称徐庶的母亲生病了，让徐庶赶往许都看望母亲。徐庶猜到了曹操的意图，知道自己可能无法再辅佐刘备，于是向刘备推荐了南阳郡邓县隆中的诸葛亮，称其上知天文下知地理，无所不通，让刘备去请诸葛亮出山辅佐成就霸业。公元206年冬至公元207年春，屯兵新野的刘备三次去隆中，前两次诸葛亮都凑巧未在家中，到了第三次刘备才见到诸葛亮，就有了三顾茅庐的故事。

关键词：几何分布

由于当时通信方式非常落后，刘备去拜见诸葛亮，诸葛亮并不知情，所以假设每次刘备能否见到诸葛亮是独立的，且两人能见面的概率为0.5，则刘备第三次才见到诸葛亮说明前两次都没有见到，所以概率为 $0.5\times0.5\times0.5=0.125$，概率比较小，但是第三次见到了，说明刘备通过了诸葛亮的考验，值得诸葛亮付出毕生的心血去辅佐他。最后诸葛亮确实也竭尽全力辅佐刘备，建立蜀国，与魏国、吴国形成三足鼎立的局面。

13　森林迷路问题

某人在森林里迷路了，他面前有三条小路，只有一条小路可以离开森林。这个人选哪条小路都是随机的。

（1）假设这三条小路上的景色完全相同，求他试了三次就走出该森林的概率。

（2）这个人在走过的路上做了标记，那他每一条小路的尝试不多于一次。求他试了三次才走出森林的概率。

关键词：几何分布

（1）用X表示这个人为了离开森林试走的次数，X的可能取值为1，2，3，…，n，…，第一次就走出森林，说明他选择了3条路中正确的那条，所以$P(X=1)=\frac{1}{3}$；由于道路完全相同，所以每次都得从3条路中选择。试了两次就走出森林，说明第一次他从3条路中选择了2条不正确的路中的一条，第二次走出了森林，说明他在3条路中选择了那条正确的路，所以$P(X=2)=\frac{2}{3}\times\frac{1}{3}=\frac{2}{9}$，试了三次就走出森林，说明第一次他从3条路中选择了2条不正确的路中的一条，第二次还是没有走出森林，说明他在3条路中选择了2条不正确的路中的一条，第三次

成功走出了森林，说明他在3条路中选择了那条正确的路，所以 $P(X=3)=\frac{2}{3}\times\frac{2}{3}\times\frac{1}{3}=\frac{4}{27}$。

（2）以Y表示这个人为了离开森林试走的次数，Y的可能取值为1，2，3。第一次就走出森林，说明他选择了3条路中正确的那条，所以 $P(Y=1)=\frac{1}{3}$；试了两次就走出森林，说明第一次他从3条路中选择了2条不正确的路中的一条，第二次走出了森林，说明他在剩下的2条路中选择了那条正确的路，所以 $P(Y=2)=\frac{2}{3}\times\frac{1}{2}=\frac{1}{3}$；而他试了三次才走出森林的概率同样为 $P(Y=3)=\frac{2}{3}\times\frac{1}{2}\times1=\frac{1}{3}$。

该案例说明在森林里迷路，不要慌，尽量把自己走过的路做标记。在森林里游玩，需要提前做好各种准备工作，不打无准备的仗，万一碰到什么意外，也不要慌张，尽量想办法自救。

Chapter4 连续型分布：为了不迟到，该开车还是骑电动车

1.均匀分布

均匀分布是最简单的连续型分布。它用来描述一个随机变量在某一区间上取每一个值的可能性均等的分布规律。

设随机变量X具有密度函数$f(x)=\begin{cases}\frac{1}{b-a}, & a<x<b \\ 0, & \text{其他}\end{cases}$，

则称X服从$[a, b]$上的均匀分布，记作$X \sim U(a, b)$。

对于任意$(c, d)\subset[a,b]$ $(c<d)$, 有$P\{c<X<d\}=\frac{d-c}{b-a}$。

2.指数分布（寿命分布）

设随机变量X的密度函数为$f(x)=\begin{cases}\lambda e^{-\lambda x}, & x\geqslant 0 \\ 0, & x<0\end{cases}$，其中$\lambda>0$为参数，则称$X$服从参数为$\lambda$的指数分布，记作$X \sim E(\lambda)$。其中$P(X>x)=1-P(X\leqslant x)=1-F(x)=e^{-\lambda x}$，$x\geqslant 0$。

指数分布通常用来描述某一事件发生的等待时间。比如某种热水器首次发生故障的时间、灯泡的使用寿命（等待用坏的时间）、电话交换台收到两次呼叫之间的时间间隔、顾客等待服务的时间、电话的通话时间等。还用作各种寿命的分布，比如电子元件的寿命、动物的寿命等，又称为寿命分布。

3.正态分布

正态分布是日常生活中最常见的分布。一方面在自然界中，取值受众多微小独立因素综合影响的随机变量一般都服从正态分布，如测量的误差、质量指数、农作物的收获量、身高体重、用电量、考试成绩、炮弹落点的分布等。因此大量的随机变量都服从正态分布；另一方面，即使随机变量不服从正态分布，但是根据中心极限定理，其独立同分布的随机变量的和的分布近似服从正态分布，所以无论在理论上还是在生产实践中，正态分布有着极其广泛的应用。

若随机变量 X 的密度函数为 $f(x)=\frac{1}{\sqrt{2\pi}\sigma}e^{-\frac{(x-\mu)^2}{2\sigma^2}}$ $(-\infty<x<+\infty)$，其中 μ 和 σ 为常数，且 $\sigma>0$，则称随机变量 X 服从参数为 μ 和 σ 的正态分布，记为 $X\sim N(\mu,\sigma^2)$。

称参数 $\mu=0$，$\sigma=1$ 的正态分布为标准正态分布，记为 $X\sim N(0,1)$，其密度函数记为 $\varphi(x)=\frac{1}{\sqrt{2\pi}}e^{-\frac{x^2}{2}}$ $(-\infty<x<+\infty)$，相应的分布函数为 $\Phi(x)=\frac{1}{\sqrt{2\pi}}\int_{-\infty}^{x}e^{-\frac{t^2}{2}}dt$。

设 $X\sim N(\mu,\sigma^2)$，则有下列公式

$$P\{X<x\}=P\left\{\frac{X-\mu}{\sigma}<\frac{x-\mu}{\sigma}\right\}=P\left\{Y<\frac{x-\mu}{\sigma}\right\}=\Phi\left(\frac{x-\mu}{\sigma}\right)$$

$$P(x_1<X<x_2)=P\left(\frac{x_1-\mu}{\sigma}<Y<\frac{x_2-\mu}{\sigma}\right)=\Phi\left(\frac{x_2-\mu}{\sigma}\right)-\Phi\left(\frac{x_1-\mu}{\sigma}\right)$$

01 公交车门的高度

某城市中一个成年男子身高X服从参数$\mu=170$，$\sigma^2=36$的正态分布，即$X\sim N$（170，36），如果要求满足男子上公交车时头与车门相碰的概率小于1%，公交车门的高度应该是多少？

关键词：正态分布

成年男子的身高X服从正态分布N（170，36），设公交车门的高度是$h$cm，要求男子上公交车不碰头，则意味着$X \leqslant h$，碰头的概率小于1%，即$P(X>h)<0.01$，利用正态分布的计算公式得：$P(X>h)=1-P(X \leqslant h)=1-\Phi\left(\frac{h-170}{6}\right)<0.01$，所以$\Phi\left(\frac{h-170}{6}\right)>0.99$，而$\Phi(2.33)=0.9901$，即$\frac{h-170}{6}>2.33$，$h>183.98$，公交车门的高度应该为184cm。

02 参加考试能被录取吗

某单位为了招聘员工组织笔试。经过挑选，有100人参加了本次考试，拟录取20人。考试结束，平均分数为75，且假设成绩服从正态分布。已知85分以上有5人。小明参加了考试，且分数为81分，那他有没有希望被录取。

➤ 关键词：正态分布

已知考试成绩X服从正态分布，且平均分为75分，则 $X \sim N(75,\sigma^2)$。85分以上的有5人，所以 $P(X \geqslant 85) = P\left(\frac{X-75}{\sigma} \geqslant \frac{85-75}{\sigma}\right) = 1-\Phi\left(\frac{10}{\sigma}\right) = \frac{5}{100} = 0.05$，所以 $\Phi\left(\frac{10}{\sigma}\right) = 0.95$，因为 $\Phi(1.645) = 0.95$，有 $\frac{10}{\sigma} = 1.645$，$\sigma = 6.08$，而 $P(X \geqslant 81) = P\left(\frac{X-75}{\sigma} \geqslant \frac{81-75}{\sigma}\right) = 1-\Phi\left(\frac{6}{6.08}\right) = 1-\Phi(0.9868) = 0.1619$。

即81及以上的概率为0.1619。小明为81分，占的名次在20名以内，可以被录取。

03　为了不迟到，该开车还是骑电动车

某人早上七点四十从家里出发去上班，其上班打卡时间为8点。如果他开车去上班由于早高峰可能交通拥挤，所需时间X服从正态分布N（10，4^2）；如果骑电动车去上班，所需时间X服从正态分布N（15，0.1^2）。那么他选择开车还是骑电动车上班，才能保证上班不迟到。

关键词：正态分布

若开车上班，则 $X \sim N(10,4^2)$ 。20分钟内能到达单位的概率为 $P(X \leqslant 20)=P\left(\frac{X-10}{4} \leqslant \frac{20-10}{4}\right)=\Phi(2.5)=0.9938$ ，若骑电动车上班，则 $X \sim N(15,0.1^2)$ 。20分钟内能到达单位的概率为 $P(X \leqslant 20)=P\left(\frac{X-10}{4} \leqslant \frac{20-15}{0.1}\right)=\Phi(50) \approx 1$ ，由上面计算可知，骑电动车上班会更好些，也响应了国家的绿色出行的号召。

04　手机电池的寿命

某种品牌手机的电池的使用寿命X（单位：年）服从正态分布，且使用寿命不少于1年的概率为0.8，使用寿命不少于5年的概率为0.2，某人买了该品牌的手机，则在3年内这个手机能正常工作的概率为多少。

关键词：正态分布

设等待时间为随机变量X，则X服从正态分布，且正态分布关于其参数μ具有对称性，$P(X \geqslant \mu) = P(X < \mu) = 0.5$。使用寿命不少于1年的概率为0.8，即$P(X \geqslant 1) = 0.8$，有$P(X < 1) = 0.2$。使用寿命不少于5年的概率为0.2，即$P(X \geqslant 5) = 0.2$，所以$P(X < 1) = 0.2 = P(X \geqslant 5) = 0.2$，由对称性，知$\mu = \frac{1+5}{2} = 3$。所以在3年内这个手机能正常使用的概率为$P(X \leqslant 3) = 0.5$。

05 绿色出行

小李早晨一般会选择乘坐公交车上班，他的单位八点上班。但由于他住的地方比较偏僻，公交车半小时一辆，而且公交车在七点到七点半、七点半到八点之间随机到达。他一般七点十分到达公交车站，如果等待时间超过20分钟，而公交车还未到，他就打车去公司，求他一周五个工作日内至少有一次能乘坐公交车上班的概率。

关键词：均匀分布

公交车在七点到七点半之间随机到达，即到达时间服从（0，30）的均匀分布。设公交车在七点到七点半直接达到车站的时间为X，则小李能坐上公交车意味着等候时间小于20分钟，所以公交车到达时间为7点10分到7点半之间，即 $10<X<30$ 。没有坐上公交车是因为等候时间超过20分钟说明公交车是七点到七点十分之间达到该站牌，所以 $0<X<10$ 。用Y表示小李能否坐上公交车，Y=0表示打车上班，Y=1表示坐公交车上班，所以 $P(Y=0)=P(0<X<10)=\dfrac{10-0}{30-0}=\dfrac{1}{3}$ ，$P(Y=1)=P(10<X<30)$ $=\dfrac{30-10}{30-0}=\dfrac{2}{3}$，五个工作日内至少有一次能坐上公交车，对立事件是5天都是打车去的，则概率为 $1-\left[P(Y=0)\right]^5=1-\left(\dfrac{1}{3}\right)^5=\dfrac{242}{243}$。

06　没有耐心的顾客

小王家附近有一大型超市，该超市由于地理位置、促销手段等原因结账的人比较多，而他的耐心不太好，如果等待结账的时间超过5分钟，他就放弃结账，直接离开。假设等待时间服从参数为0.1的指数分布。他一周内去超市购物4次，则他至少能成功购物一次的概率为多少？

关键词：指数分布

设等待时间为随机变量X，则X服从参数为0.1的指数分布，其密度函数为$f(x)=0.1e^{-0.1x},x>0$，等待结账时间超过5分钟，则$P(X>5)=e^{-0.1\times5}=e^{-0.5}$。他至少能成功购物一次，意味着至少有一次等待时间少于5分钟，其对立事件为这4次等待时间均超过5分钟，所以至少能成功购物一次的概率为$1-\left[P(X>5)\right]^4=1-(e^{-0.5})^4=0.8647$。

Chapter5　数学期望：投资什么才能赚钱

1.数学期望的定义

设离散型随机变量X的分布律为：$P\{X=x_n\}=p_n$，$n=1,2,\cdots$ 如果级数$\sum_n x_n p_n$绝对收敛，则称该级数为X的数学期望，记作$E(X)$，即 $E(X)=\sum_n x_n p_n$。

Q1：已知离散型随机变量X的分布律为：

X	0	4	4.8	6
P	0.6	0.2	0.1	0.1

求X的期望。

解：$E(X)=0\times0.6+4\times0.2+4.8\times0.1+6\times0.1=1.88$。

2.数学期望的性质

（1）设C为常数，则有$E(C)=C$。

（2）设C为常数，X为随机变量，则有$E(CX)=CE(X)$。

（3）设X，Y为任意两个随机变量，则有$E(X+Y)=E(X)+E(Y)$。

（4）设X，Y为相互独立的随机变量，则有$E(XY)=E(X)E(Y)$。

3.一些常用分布的数学期望

（1）0–1分布：$X \sim b(1,p)$，则$E(X)=p$。

（2）二项分布：$X \sim b(n,p)$，则$E(X)=np$。

（3）泊松分布：设$X \sim P(\lambda)$，则$E(X)=\lambda$。

（4）几何分布：设$X \sim Ge(p)$，则$E(X)=1/p$。

4.方差的定义

设X是一个随机变量。若$E\left[X-E(X)\right]^2$存在，则称$E\left[X-E(X)\right]^2$为X的方差，记为$D(X)$，即$D(X)=E\left[X-E(X)\right]^2=E(X^2)-E^2(X)$。

Q2：已知离散型随机变量X的分布律为：

X	0	4	4.8	6
P	0.6	0.2	0.1	0.1

求X的方差。

解：$E(X)=0\times0.6+4\times0.2+4.8\times0.1+6\times0.1=1.88$。

$E(X^2)=0^2\times0.6+4^2\times0.1+4.8^2\times0.1+6^2\times0.1=7.504$。

$D(X)=E(X^2)-E^2(X)=7.504-1.88^2=3.9696$。

01　打电话问题

某人拨打电话，但是忘记了最后一位数字，因而随机拨打。假设拨打0~9这10个数字是等可能的，求拨打电话的平均次数。

关键词：乘法公式和数学期望

拨打0~9这10个数字是等可能的，所以拨打这10个数字的概率均为1/10。用随机变量表示拨打的电话次数，则X的取值为1，2，3，…，10。X=1意味着拨打电话一次就接通了，概率为1/10。X=2意味着拨打电话第二次才接通，说明第一次没有接通，概率为$P(X=2)=\frac{9}{10}\times\frac{1}{9}=\frac{1}{10}$。$X$=3意味着拨打电话第二次才接通，说明第一次没有接通，概率为$P(X=3)=\frac{9}{10}\times\frac{8}{9}\times\frac{1}{8}=\frac{1}{10}$。以此类推，得$P(X=10)=\frac{9}{10}\times\frac{8}{9}\times\cdots\times\frac{1}{2}\times1=\frac{1}{10}$。

所以由数学期望的定义，得：$E(X)=1\times\frac{1}{10}+2\times\frac{1}{10}+\cdots+10\times\frac{1}{10}=5.5$，平均拨打5.5次就可以拨通电话。

02 投资什么才能赚钱?

某人有100万元，可投资的项目有股票、房地产。投资股票，预估3年内成功的机会为 30%，可得利润80万元，失败了则亏损20万；投资房地产，预估成功的机会为60%，可得利润30万，失败了则亏损10万；存入银行，同期间的利率为4%，问做哪项投资合适?

关键词：数学期望

设投资股票得到的利润为X，则$P(X=80)=0.3$，$P(X=-20)=0.7$，则由数学期望的定义，$E(X)=80\times0.3+(-20)\times0.7=10$ 万。

设投资房地产得到的利润为Y，则$P(Y=30)=0.6$，$P(Y=-10)=0.4$，则由数学期望的定义，$E(Y)=30\times0.6+(-10)\times0.4=14$ 万。

存入银行，三年利润为 $100\times0.04\times3=12$ 万。三个数据比较，发现投资房地产的期望利润最高，所以选择投资房地产。

03 闯关拿大奖

某人参加闯关节目，共需要闯两道关，如果他闯过第一关，不闯后面的第二道关，可得奖金300元；如果他继续闯关，且闯过第二关，可得奖金1000元；如果第二关没有闯过去，再把第一关的300元扣去。已知他能闯过第一关的概率为0.8，闯过第二关的概率为0.4，则他能拿到的平均奖金为多少？

关键词：数学期望

设闯第一关所得的奖金为X，闯第二关得到的奖金为Y。则X的取值为300和0，且$P(X=300)=0.8$，$P(X=0)=0.2$，第一关的期望奖金为：$E(X)=300\times0.8+0\times0.2=240$元。而$Y$的取值为1000和-300，且$P(Y=1000)=0.4$，$P(Y=-300)=0.6$，第二关的期望奖金为：$E(Y)=1000\times0.4+(-300)\times0.6=220$元。所以平均奖金即$E(X+Y)=240+220=460$元。

04　团购买菜

2020年，社区团购买菜火了。很多人都通过各种团购、买菜APP买菜。某公司想参与社区团购中，特意找咨询机构做调查问卷，看看人们对社区团购的意愿。调查了2021个人，其中23%的人认为团购买菜便宜，是一个好的买菜方式，一直在使用软件下单买菜。38%人的认为现在通过APP买菜便宜，可以暂时买着，如果团购买菜不再便宜，就放弃，去超市、小店等地方购买。20%的人说不知道有这种形式。19%的认为应该坚决抵制这种形式，会对超市、小店造成强大的冲击，最后这些商家会形成垄断。再就是买的菜第二天、第三天才到，会不新鲜等。求大家对社区团购买菜的满意度。

关键词：数学期望

用随机变量X表示满意度，$X=4$为非常愿意使用团购买菜，$X=3$表示可以使用团购买菜，也可以不使用团购买菜，$X=2$表示不清楚团购买菜，$X=1$表示不会使用团购买菜。则随机变量的分布律为：

$P(X=1)=0.19$，$P(X=2)=0.2$，$P(X=3)=0.38$，$P(X=4)=0.23$。

则由数学期望的定义，知满意度的期望值为

$$EX = P(X=1)\times 1+P(X=2)\times 2+P(X=3)\times 3+P(X=4)\times 4$$
$$=0.19\times 1+0.2\times 2+0.38\times 3+0.23\times 4=2.27。$$

期望值越大，说明在社区团购买菜的意愿越大。调查公司根据目前的调查结果，给出结论，该公司还是先以观望为主。

05　选拔学生参加竞赛考试

某学校要选拔学生去参加数学竞赛，名额只有一个，有两个同学学习能力相当，成绩也差不多，他们两个成绩如下：

甲同学两年内的10次考试的考试成绩：

X	97	98	99	100
次数	1	3	1	5

乙同学两年内的10次考试的考试成绩：

Y	96	97	99	100
次数	1	1	2	6

问选择哪个同学比较合适？

关键词：数学期望和方差

选拔学生参加考试，自然是希望学生能够获奖，给学校争得荣誉。在平均成绩一样的条件下，学生成绩越稳定越好。而期望表示平均成绩，方差表示学生成绩的稳定程度。先求期望，如果期望相差太大，取期望大的，如果期望差不多，取方差小的。

（1）求甲的平均成绩和方差。

$E(X)=97\times\frac{1}{10}+98\times\frac{3}{10}+99\times\frac{1}{10}+100\times\frac{5}{10}=99$。

$E(X^2)=97^2\times\frac{1}{10}+98^2\times\frac{3}{10}+99^2\times\frac{1}{10}+100^2\times\frac{5}{10}=9802.2$。

$D(X)=E(X^2)-E^2(X)=9802.2-99^2=1.2$。

（2）求乙的平均成绩和方差。

$E(Y)=96\times\frac{1}{10}+97\times\frac{1}{10}+99\times\frac{2}{10}+100\times\frac{6}{10}=99.1$。

$E(Y^2)=96^2\times\frac{1}{10}+97^2\times\frac{1}{10}+99^2\times\frac{2}{10}+100^2\times\frac{6}{10}=9822.7$。

$D(Y)=E(Y^2)-E^2(Y)=9822.7-99.1^2=1.89$。

方差代表取值的离散程度，本案例指的是学生成绩的稳定程度，方差越小，说明学生成绩越稳定，所以选甲同学去参加数学竞赛。

06 靠天吃饭

《穷人》是俄国著名作家列夫·托尔斯泰的作品。渔夫和妻子桑娜关心、同情邻居西蒙，在西蒙死后毅然收养了她的两个孤儿。请看下面情节。

情节1：桑娜沉思：丈夫不顾惜身体，冒着寒冷和风暴出去打鱼，她自己也从早到晚地干活，还只能勉强填饱肚子。孩子们没有鞋穿，不论冬夏都光着脚跑来跑去；吃的是黑面包，菜只有鱼。不过，感谢上帝，孩子们都还健康。没什么可抱怨的。桑娜倾听着风暴的声音，“他现在在哪儿？上帝啊，保佑他，救救他，开开恩吧！”她一面自言自语，一面在胸前划着十字。

情节2：门突然开了，一股清新的海风冲进屋子。魁梧黧黑的渔夫拖着湿淋淋的撕破了的渔网，一边走进来，一边说：“嗨，我回来啦，桑娜！”。“哦，是你！”桑娜站起来，不敢抬起眼睛看他。“瞧，这样的夜晚！真可怕！”“是啊，是啊，天气坏透了！哦，鱼打得怎么样？”“糟糕，真糟糕！什么也没有打到，还把网给撕破了。倒霉，倒霉！天气可真厉害！我简直记不起几时有过这样的夜晚了，还谈得上什么打鱼！谢谢上帝，总算活着回来啦。”

以上情节中渔夫出海遇见风暴，但是还得打鱼。是生活所迫，如果不出去打鱼，那么一家人就得饿肚子。出去打鱼，就会有遇上风暴的危险。他们的生活就是典型的靠天吃饭。天气好，出海打鱼能多打些鱼，把鱼卖掉，可以购买其他的日用品；天气不好，什么也打不到，还有可能丧命于大海。其实现在还是有很多行业是靠天吃饭的。比如洗车行，晴天上班，雨天放假。服装店雨天生意也不好，而干洗店可能雨天生意就会好一些。

2019年3月，湖南长沙连日阴雨，这让与天气密切相关的洗车业成了重灾区。一家洗车店老板说，过完年后总共洗了不到40台车，有时候一天也没洗一台。那么对他来说，开门营业，一天都没有客户，但是得支付员工工资、水电、房租等，自己也得留在店里，假设损失1000元。不开门营业，房租等还是要支付，但是自己可以出去赚点外快，挽回点损失，假设损失为500元。若是天气好的话，洗一台车25元，一天洗100辆车，则可以得到2500元的收益。现在天气预报部门预报第二天的天气好的概率为60%，下雨的概率为40%，问该洗车店是开门好呢还是关门不营业好呢?

关键词：数学期望

如果洗车店开门，则赚2500元的概率为0.6，赔1000元的概率为0.4，所以开门的期望收益为$2500\times0.6-1000\times0.4=1100$元，而不开门的收益为500元，所以要选择开门营业。

07　10合1混采的核酸检测的人均检测次数

据报道，2020年8月2日0时—24时，大连新增本地确诊病例8例，其中有5例为无症状感染者转归确诊病例；累计确诊病例87例。所有病例均在大连市第六人民医院集中隔离治疗，目前病情稳定。辽宁省13个市、3家省属医院派出167人16支核酸检测医疗队；紧急动员9个市、5家医疗机构和10家第三方检测机构承接大连市核酸检测任务；为适应大规模低风险地区人群筛查需要，创新性研发出10合1混采检测技术。所谓10合1混采检测技术是用咽拭子在采样处反复擦拭几次来采集分泌物，然后将从10个人身上采集到的拭子，集合于1个采样管中进行核酸检测。如果“10合1”样本是阴性，那就说明10人全是阴性；反之，如果样本呈阳性，则将10人立刻单独隔离，再一对一单采单检，以最大限度提高检测效率。据统计，大连市人口为598.7万。假设每个人感染新冠病毒的概率为0.0004，采用10合1混采技术，则大连市全员检测平均检测次数为多少？ 目前日核酸检测能力已超过百万人份，能否满足全员检测的需求。

关键词：数学期望

将10个人分为一组，如果这10人都没有感染新冠病毒，则只需检测一次即可。如果10人中最少有一人感染新冠病毒，则需检验10次，所以一共需要检测11次。而10人只需检测一次即每人只需检测0.1次的概率为 $(1-0.0004)^{10}=0.9996^{10}=0.996$ ，10人需检测11次即每人需检测11/10=1.1次的概率为0.004，所以每人平均检验的次数为 $E(X)=0.1\times0.996+1.1\times0.004=0.104$ ，大连市民共有598.7万人，平均需要检测622648次核酸检测即可，所以日核酸检测能力超过百万人份的检测能力，完全可以满足全员检测的需求。

08 人寿保险的盈利问题

某保险公司开展人寿保险的业务，需提前设置好每人应该收取的保费和赔付的保费。假设因为被保险人死亡而赔付的保费为n元，对保险人收取的保费为kn元，则k取多少才能使公司收益为20%。假设被保险人在保险存续期间死亡的概率为0.004。

➤ 关键词：数学期望

用随机变量X表示公司的收益，则X取值有两个，一个是kn元（被保险人活着），概率为0.996。一个是$kn-n$元（被保险人死亡），概率为0.004，则公司的期望收益为$E(X)=kn\times0.996+(kn-n)\times0.004=kn-0.004n$，要求公司收益为$0.2n$，则$E(X)=kn-0.004n=0.2n$，则$k=0.204$。即若赔付的金额为10000元，则收取保费为2040。这样就能保证公司收益为408元。

当然这个案例大家可能觉得赔付得有点少，不太吸引人。我们可以换个问题：

如果每人交的保费为60元，因被保险人死亡而赔付的为10000元，则此时公司的期望收益为多少呢?

用随机变量X表示公司的收益，则X取值有两个，一个是60

元（被保险人活着），概率为0.996。一个是-9940元（被保险人死亡），概率为0.004，则公司的期望收益为$E(X)=60\times0.996+(60-10000)\times0.004=20$，此时保险公司的收益为20元，即为33.3%。

09 恼人的红灯

开车出门，如果一路遇到绿灯，则心情非常舒畅。而一路遇到的都是红灯，可能会认为很倒霉，心情烦躁。现在我们看如下问题：

小王开车去办事，一路上有10个有红绿灯的十字路口，设在每个十字路口遇到红灯的概率均为2/5。假设在各个十字路口是否遇到红灯相互独立，试求途中遇到红灯的平均次数。

关键词：数学期望

数学期望，又名均值，指的是平均，所以平均次数就是数学期望。小王开车通过一个十字路口时只有两种结果：遇到红灯或者没有遇到红灯。我们用随机变量X_i表示在第i个路口是否遇到红灯，$X_i=0$表示在第i个路口没有遇到红灯，用$X_i=1$表示遇到红灯，且$P(X_i=1)=2/5$，$P(X_i=0)=3/5$，即X_i服从贝努利分布。根据数学期望的定义，有：$EX_i=P(X_i=1)\times 1+P(X_i=0)\times 0=\frac{2}{5}\times 1+\frac{3}{5}\times 0=\frac{2}{5}$。

在10个十字路口遇到红灯的次数用随机变量X表示，则$X=X_1+X_2+\cdots+X_{10}$。

由数学期望的性质，$E(X)=E(X_1)+E(X_2)+\cdots+E(X_{10})=\frac{2}{5}+$

$\frac{2}{5}+\cdots+\frac{2}{5}=\frac{2}{5}\times 10=4$，即遇到红灯的平均次数为4。我们还可以计算10个路口都遇到红灯的概率为$\frac{2}{5}\times\frac{2}{5}\times\cdots\times\frac{2}{5}=\left(\frac{2}{5}\right)^{10}=$ 0.00001678，是个小概率事件，那么一路上都遇到红灯看来是运气比较差了。

10 谁是我的新娘

某地举行集体婚礼，共有10对新人参加。为了使婚礼变得更热闹，特设计如下环节：（1）新郎蒙上眼睛找新娘；（2）默契问答；（3）才艺大比拼；（4）踩气球等。我们来研究第一个环节，求能成功找到自己的新娘的新郎的平均人数。

关键词：数学期望

设能成功找到自己的新娘的新郎的人数为X，则X的可能取值为0，1，2，…，10，再逐一求取这些值的概率，再求期望，这个思路非常明确，但是计算概率，却有些麻烦。我们使用随机变量分解的方法。将人数X分解成若干个简单随机变量的和。即先考虑每个新郎，是否能找到自己的新娘。如果能找到，令其为1，没有找到，令其为0。所以可以令$X = X_1 + X_2 + \cdots + X_{10}$，$X_i = 0$表示在第$i$个新郎没有找到他的新娘中，$X_i = 1$表示第$i$个新郎找到他的新娘，根据古典概型，一共10个新娘，第i个新郎的新娘只有一个，故有$P(X_i = 1) = \frac{1}{10}$，$P(X_i = 0) = \frac{9}{10}$。由期望的定义，$E(X_i) = 1 \times \frac{1}{10} + 0 \times \frac{9}{10} = \frac{1}{10}$。

$E(X) = E(X_1 + X_2 + \cdots + X_{10}) = E(X_1) + E(X_2) + \cdots + E(X_{10}) =$

$10\times\frac{1}{10}=1$，平均人数为1。即蒙上眼睛能成功找到自己的新娘的新郎平均人数为1。

11　停车的平均次数

某旅行社开展一日游的线路旅游。某天旅游大巴车从起点出发，一共载有40位游客，进行游览。完成所有的游览项目后，送游客回家。导游宣布大巴车一共有10个停车点，每位游客都可以选择在这10个停车点下车。假设每位游客在各个停车点下车都是等可能的，且独立，如果到达一个停车点没有人下车，就不停车。这辆大巴车平均停车多少次？

关键词：数学期望

平均停车次数就是求数学期望。大巴车一共10个停车点，在每个停车点，有两种结果：停车或者不停车。我们用随机变量X_i表示在i个停车点是否停车，即有人下车。用X_i=1表示在第i个停车点停车，即有人下车，X_i=0表示在第i个停车点没有停车，即没有人下车。如果没有停车，说明40个人都是选择在其他9个停车点下车的，因为每个人在10个停车点中的任一个下车都是等可能的，所以概率为1/10，而在其他9个停车点下车，概率为9/10。40人都在其他9个停车点下车，概率为（9/10）40。所以

$$P(X_i=0)=\left(\frac{9}{10}\right)^{40}，P(X_i=1)=1-\left(\frac{9}{10}\right)^{40}。$$

根据数学期望的定义，知道

$$EX_i=P(X_i=1)\times1+P(X_i=0)\times0=\left[1-\left(\frac{9}{10}\right)^{40}\right]\times1+\left(\frac{9}{10}\right)^{40}\times0=$$

$1-\left(\frac{9}{10}\right)^{40}$。

在10个停车点停车的次数用随机变量X表示，则$X=X_1+X_2+\cdots+X_{10}$，由数学期望的性质，

$$E(X)=E(X_1)+E(X_2)+\cdots+E(X_{10})=1-\left(\frac{9}{10}\right)^{40}+1-\left(\frac{9}{10}\right)^{40}$$

$$+\cdots+1-\left(\frac{9}{10}\right)^{40}=\left[1-\left(\frac{9}{10}\right)^{40}\right]\times10=9.852。$$

即平均停车次数为9.852。

12　考试收试卷的平均次数

有40名同学参加一场考试时间为60分钟的考试，监考老师宣布，如果同学们做完了试卷可以在20的倍数分钟时可以交试卷，其他时间不许交试卷。这样每个同学都有3次机会交试卷。设每个人在这3个时间点交试卷的概率相同，求监考老师需要收试卷的平均次数。

关键词：数学期望

该问题使用随机变量分解。将收试卷的次数X分解成若干个简单随机变量的和。一共3个时间点，设$X = X_1 + X_2 + X_3$，$X_i = 0$表示在第i个时间点没有人交试卷，$X_i = 1$表示在第i个时间点有人交试卷。概率为$P(X_i = 0) = \left(1-\frac{1}{3}\right)^{40}$，$P(X_i = 1) = 1-\left(1-\frac{1}{3}\right)^{40}$，$E(X_i) = P(X_i{=}1)\times 1{+}P(X_i{=}0)\times 0{=}1-\left(1-\frac{1}{3}\right)^{40}$，由数学期望的性质，$E(X) = 3\times\left[1-\left(1-\frac{1}{3}\right)^{40}\right]{=}3$，监考老师需要收试卷的平均次数为3次。

13 粗心的店主

某淘宝店的店主准备了n件不同的货物，发给不同地址的买家，由于匆忙，随意地将货物放在n个地址的快递箱子里，假设在每个快递箱中放了一件货物，如果把货物放进了它相应地址的快递箱中，称为完成了一个配对。求平均配对数。

关键词：数学期望

该问题使用随机变量分解。将配对数X分解成若干个简单随机变量的和。一共n件货物，可以设$X = X_1 + X_2 + \cdots + X_n$，$X_i = 0$表示在第$i$件货物没有放在第$i$个快递箱中，$X_i = 1$表示第$i$件货物放在第$i$个快递箱中，形成一个配对。而$P(X_i = 1) = \frac{1}{n}$，$P(X_i = 0) = 1 - \frac{1}{n}$，$E(X_i) = 1 \times \frac{1}{n} + 0 \times \left(1 - \frac{1}{n}\right) = \frac{1}{n}$。所以

$E(X) = E(X_1 + X_2 + \cdots + X_n) = E(X_1) + E(X_2) + \cdots + E(X_n) = n \times \frac{1}{n} = 1$，平均配对数为1。

14　抽取的扑克牌号码和

某人手里有13张扑克牌，分别为同一花色的不同的13张牌。现从中有放回地抽出20张扑克牌，求扑克牌的号码之和X的数学期望。

关键词：数学期望

设X_i表示第i次取到的扑克牌的号码（$i=1,2,\cdots,20$），则$X=X_1+X_2+\cdots+X_{20}$。因为是有放回地抽出扑克牌，所以X_i之间相互独立。第i次抽到号码为k的扑克牌的概率为

$P\{X_i=k\}=\dfrac{1}{13},(k=1,2,\cdots,13;i=1,2,\cdots,20)$，由期望的定义，有$E(X_i)=\dfrac{1}{13}\times 1+\dfrac{1}{13}\times 2+\cdots+\dfrac{1}{13}\times 13=\dfrac{1}{13}\times(1+2+\cdots+13)=7$，所以$E(X)=E(X_1+\cdots+X_{20})=20\times 7=140$，即抽取的扑克牌的平均号码和为140。

15　有几节空车厢

一辆地铁到达起始站，准备出发，该地铁一共有10节车厢，有 $k(k>10)$ 个人在起始站上地铁，并随意地选择一节车厢找个空座位坐下，求起始站的平均空车厢数。

关键词：数学期望

空车厢数等于总的车厢数减去有乘客的车厢数。现在考虑有乘客的车厢数，设有乘客的车厢数为随机变量X，直接计算X的概率不容易，我们可以使用随机变量分解。将X分解成若干个简单随机变量的和。设 $X=X_1+X_2+\cdots+X_n$，其中 $X_i=0$ 表示在第i个车厢没有乘客，$X_i=1$ 表示第i个车厢中有乘客。

第i个车厢没有乘客，说明k个乘客都选择了其他9节车厢坐，概率为 $P(X_i=0)=\left(\frac{9}{10}\right)^k$，$P(X_i=1)=1-\left(\frac{9}{10}\right)^k$，由数学期望的定义，$E(X_i)=1\times\left[1-\left(\frac{9}{10}\right)^k\right]+0\times\left(\frac{9}{10}\right)^k=1-\left(\frac{9}{10}\right)^k$。

$E(X)=E(X_1+X_2+\cdots+X_{10})=E(X_1)+E(X_2)+\cdots+E(X_{10})=10\left(1-0.9^k\right)$，平均空车厢数为 10×0.9^k。若 $k=20$，则 $E(X)=10\left(1-0.9^{20}\right)$=8.78，空车厢数为10−8.78=1.22。

16 掷三颗骰子的点数和的平均值

某人特别喜欢研究掷骰子，一天他跟朋友掷骰子的时候突然想起一个问题，即掷多颗骰子出现的点数和的问题。如果掷三颗骰子，出现的点数之和的平均值为多少？

关键词：数学期望

用随机变量X表示掷出的三颗骰子的点数之和，X的取值范围为3，4，…，18，直接写出X的分布律不容易，因此需要把X分解，即令X_i表示第i颗骰子出现的点数（$i=1,2,3$），则$X=X_1+X_2+X_3$，且$E(X)=E(X_1)+E(X_2)+E(X_3)$。$P(X_i=j)=1/6(j=1,2,3,4,5,6)$，$E(X_i)=\frac{1}{6}\times 1+\frac{1}{6}\times 2+\frac{1}{6}\times 3+\frac{1}{6}\times 4+\frac{1}{6}\times 5+\frac{1}{6}\times 6=3.5$，而$E(X)=E(X_1)+E(X_2)+E(X_3)=3.5+3.5+3.5=10.5$，所以出现点数之和的平均值为10.5。

17　一年内以换代修的净水器

某净水器厂为了促进销售，给出如下促销方案：以换代修。如果一年内消费者购买的净水器出了问题，可以免费更换一台净水器。假设该厂生产的净水器的寿命X（以年计）服从参数为0.25的指数分布。若售出一台净水器，工厂获利500元，而退换一台则损失200元，试求该厂每卖出一台净水器赢利的数学期望。

关键词：数学期望、指数分布

指数分布的密度函数为$f(x)=\frac{1}{4}\mathrm{e}^{-\frac{x}{4}}$，$x>0$，厂方出售一台净水器净盈利$Y$只有两个值：500元和–200元，获利500元意味着净水器一年内没有出问题，即寿命大于一年，则$P\{Y=500\}=P(X\geqslant 1)=\mathrm{e}^{-\frac{1}{4}}$，一年内需要退换，说明净水器寿命小于一年，损失200元，则$P(Y=-200)=P\{X<1\}=1-\mathrm{e}^{-1/4}$，故该厂每卖出一台净水器赢利的数学期望$E(Y)=500\times\mathrm{e}^{-1/4}+(-200)\times(1-\mathrm{e}^{-1/4})=700\mathrm{e}^{-1/4}-200=$ 345.16（元）。

即每卖出一台净水器的平均盈利为345.16元。

18　掷骰子游戏

六个人一起喝酒，为了助兴，将他们六个人的酒杯标上1~6号，推选第六个人做庄，决定下一杯酒谁喝，为了公平起见，第六个人拿出一颗骰子，如果掷出一点，第一个人喝酒，掷出2点，第二个人喝酒，依次类推，掷出6点，掷骰子的人自己喝。则第六个人第一次喝到酒需要掷的骰子的平均次数为多少？

关键词：数学期望、几何分布

第六个人第一次喝到酒，说明前面那些次都没有掷出6点，而对于质地均匀的骰子，掷出6点的概率为1/6。设他第一次喝到酒需要投掷的骰子的次数为X，则$P(X=j)=(\frac{5}{6})^{j-1}\times\frac{1}{6}, j=1,2,\cdots$。$X$服从参数为$p$的几何分布，则几何分布的期望为$EX=\frac{1}{p}$，这个人第一次喝到酒需要掷的骰子的平均次数为$EX=\frac{1}{\frac{1}{6}}=6$。

19　公园套圈游戏

某人迷上了公园的套圈游戏，每天都要去套圈，他能套中某个物品的概率为0.2，而且每次套圈能否套中物品是相互独立的，则他首次套中想要的物品所需要的平均套圈次数是多少？

关键词：数学期望、几何分布

用X表示他首次套中物品所需要套圈的次数，X=1意味着第一次套圈就套中该物品，概率为0.2。X=2意味着第一次没有套中该物品，而第二次套中了，所以概率为$0.8\times0.2=0.16$，以此类推，$X=n$意味着第n次是第一次成功套中该物品，而前面$n-1$次均没有套中，且能否套中物品是相互独立的，则

$P(X=n)=0.8^{n-1}\times0.2$，所以$X$服从几何分布，几何分布的期望是$1/p$，本问题中套中的概率为0.2，即$p$=0.2，所以他首次套中想要的物品所需要的平均套圈次数为$\frac{1}{p}=\frac{1}{0.2}=5$。

20　交警查违章

两个交警站在某十字路口查违章车辆。一个负责统计观察的车辆的数目，一个负责拦截违章车辆进行处理。假设车辆违章的概率为0.1，当有车辆违章时交警上前将其拦截，用X表示交警两次拦截违章车辆之间通过的车辆数，求交警两次拦截违章车辆之间通过的平均车辆数。

关键词：几何分布

用X表示交警两次拦截违章车辆之间通过的车辆数，X=1意味着从拦截违章车辆开始，有一辆车是正常通行，下一辆车又违章，被拦下，概率为$0.9\times0.1=0.09$。X=2意味着从拦截违章车辆开始，有两辆车是正常通行，第三辆车违章，被拦下，概率为$0.9^2\times0.1=0.081$，以此类推，X=n意味着从拦截违章车辆开始，有n辆车是正常通行，第n+1辆车违章，被拦下，则概率为$P(X=n)=0.9^{n-1}\times0.1$，所以$X$服从参数$p$为0.1的几何分布，而几何分布的期望是$1/p$，交警两次拦截违章车辆之间通过的平均车辆数为1/0.1=10。

21　流水线上的冰箱

某公司有一条生产冰箱的流水生产线，流水线上的每个冰箱不合格的概率为0.1，各产品合格与否相互独立。当出现一个不合格品时，就要求进行停机检修。求开机后第一次停机时生产的冰箱平均个数。

关键词：数学期望

开机后第一次停机时生产的产品数目设为X，则X服从参数为0.1的几何分布，即前面的$k-1$生产的冰箱都是合格的，第k次生产的冰箱是不合格品。概率为$P(X=k)=(1-p)^{k-1}p,k=1,2,\cdots$。而几何分布的期望$E(X)=\frac{1}{p}=\frac{1}{0.1}=10$。

即第一次停机时生产冰箱的平均个数为10。

22 乒乓球比赛

甲乙两人打乒乓球的实力相当，为了证明谁的技术更好一些，两人进行乒乓球比赛，而且每人出两元钱，作为赌金。若是甲赢了，乙给甲一元，否则甲给乙一元。比赛直至一方把本金输完为止，求进行比赛的平均次数。

关键词：数学期望、几何分布

甲乙两人打乒乓球的实力相当，所以在一局比赛中甲、乙赢的概率都是0.5。下面分情况讨论该问题。

最少两局比赛就可以分出胜负。即比赛结果为甲甲、乙乙，概率均为$\frac{1}{2}\times\frac{1}{2}=\frac{1}{4}$，故$P(X=2)=2\times\frac{1}{2}\times\frac{1}{2}=\frac{1}{2}$，其中$2=2^1$。

三局、五局等奇数局是没有办法完成该比赛的，因为必须保证有一方把手里的两元都输掉，即最后两局必须是同一人输掉，前面那些局甲乙两人轮流赢，才能保证比赛进行下去。所以奇数局是不可能分出胜负的。

四局能分出胜负，比赛结果有4种为甲乙甲甲、乙甲乙乙、甲乙乙乙、乙甲甲甲。概率均为$\frac{1}{2}\times\frac{1}{2}\times\frac{1}{2}\times\frac{1}{2}=\left(\frac{1}{2}\right)^4$，故$P(X=4)=4\times\left(\frac{1}{2}\right)^4=\left(\frac{1}{2}\right)^2$，其中$4=2\times2=2^2$。

六局能分出胜负，比赛结果为甲乙甲乙甲甲、甲乙乙甲甲甲、乙甲乙甲甲甲、乙甲甲乙甲甲、甲乙甲乙乙乙、甲乙乙甲乙乙、乙甲乙甲乙乙、乙甲甲乙乙乙。概率均为$\frac{1}{2}\times\frac{1}{2}\times\frac{1}{2}\times\frac{1}{2}\times\frac{1}{2}\times\frac{1}{2}=\left(\frac{1}{2}\right)^6$，故$P(X=6)=8\times\left(\frac{1}{2}\right)^6=\left(\frac{1}{2}\right)^3$，其中$8=2\times2\times2=2^3$。即前两局两种结果，中间两局两种结果，最后两局两种结果。

八局分胜负时，$P(X=8)=2^4\times\left(\frac{1}{2}\right)^8=\left(\frac{1}{2}\right)^4$，其中$16=2\times2\times2\times2=2^4$。即前两局两种结果，三四局两种结果，五六局两种结果，最后两局两种结果。

以此类推，可以给出X的分布律为$P(X=2k)=\left(\frac{1}{2}\right)^k$，$k=1,2,3,\cdots$。若想求平均次数，需要计算期望。根据数学期望的定义，有$E(X)=\sum_{k=1}^{\infty}2k\left(\frac{1}{2}\right)^k=2\sum_{k=1}^{\infty}k\left(\frac{1}{2}\right)^k=2\times\frac{1}{\frac{1}{2}}=2\times2=4$，中间用了几何分布的数学期望，即$E(X)=\sum_{k=1}^{\infty}k\left(\frac{1}{2}\right)^k=\frac{1}{\frac{1}{2}}=2$$\left(\text{参数为}\frac{1}{2}\text{的几何分布的数学期望}\right)$，所以平均四次，比赛就可以结束。

23 再一再二不再三

将一枚硬币连续抛掷，一直到掷出10个正面就停止抛掷，求抛掷的平均次数。

关键词：数学期望、几何分布

假设试验抛掷到第k次结束。试验一直到抛出10个正面为止，则最后一次试验的结果肯定是正面，前面还有9次是正面，那么在前面的$k-1$次中到底哪些次是掷出的正面呢？可能的情况很多，只要从$k-1$次中挑出9次正面即可，剩下的都是反面，所以概率为$P(X=k)=C_{k-1}^{9}p^{10}(1-p)^{k-10}$，$k=10,11,12,\cdots$，这是概率论中的负二项分布，为10个独立的几何分布的和，其期望为$10/p$。因为硬币是质地均匀的，所以p=0.5，所以需要抛掷的平均次数为10/0.5=20。

有一句话为“再一再二不再三”。“再一再二不再三”意思是一件事可以一次、两次，到了第三次就不可以了。主要说的就是气势最初时最旺盛的道理。做事要一气呵成，还要有信心和毅力，如果接二连三、断断续续，会给你造成负面影响。出自《曹刿论战》中的“一鼓作气，再而衰，三而竭”。现在通常指的是我会在一个坑里跌两次，但不会有第三次。我可以容忍你一次、两次，不会容忍第三次。假设做错事情的概率为0.5，则容许你做事情的平均次数为3/0.5=6。

24　小麻雀和鹦鹉谁先飞出教室

一天老师和学生们在教室里上课，突然一只小麻雀从开着的窗户外飞了进来，小麻雀飞进来后看到有很多人，吓了一跳，想飞出去。教室里有三扇窗户，这三扇窗户一扇是开着的，小麻雀就是从这扇窗户飞进来的，其他两扇窗户是关着的。假设小麻雀选择这三扇窗户是随机的，那么为了飞出去，小麻雀需要进行的平均试飞次数为多少？

听说这个事情后，有个人带着他的鹦鹉来到这个教室，声称他的鹦鹉非常聪明，是有记忆的，问这个鹦鹉为了从唯一一扇开着的窗户中飞出去，需要进行的平均试飞次数为多少？

关键词：数学期望、几何分布

用随机变量X表示小麻雀需要进行的试飞次数。X=1意味着小麻雀一次试飞就成功，即从开着的那扇窗户飞出去，概率为1/3；X=2意味着小麻雀试飞两次才成功，第一次尝试从关着的那两扇窗户中飞出去，失败，概率为2/3，第二次从开着的那扇窗户飞出去了，概率为1/3，所以总的概率为$P(X=2)=\frac{2}{3}\times\frac{1}{3}=\frac{2}{9}$；$X$=3意味着小麻雀试飞三次才成功，前两次都是尝试从关着的那两扇窗户中飞出去，失败，概率均为2/3，第三次从开着的那扇窗户飞出去了，概率为1/3，所以总的概率为$P(X=3)=\frac{2}{3}\times\frac{2}{3}\times\frac{1}{3}=\frac{4}{27}$；以此类推，$X=n$意味着小麻雀试飞$n$次才成功，前$n-1$次都是尝试从关着的那两扇窗户中飞出去，失败，概率均为2/3，第n次从开着的那扇窗户飞出去了，概率为1/3，所以总的概率为$P(X=n)=\left(\frac{2}{3}\right)^{n-1}\times\frac{1}{3}$。综上所述，$X$服从参数为$p=\frac{1}{3}$的几何分布，而几何分布的数学期望为$1/p$，所以小麻雀的平均试飞次数为3。

用随机变量Y表示鹦鹉需要进行的试飞次数。$Y=1$意味着鹦鹉一次试飞就成功，即从开着的那扇窗户飞出去，概率为1/3；$Y=2$意味着鹦鹉试飞两次才成功，第一次尝试从关着的那两扇窗户中飞出去，失败，概率为2/3，但是它有记忆的，所以此时它记住那扇关着的窗户，剩下的有两扇窗户可以选，第二次从开着的那扇窗户飞出去了，概率为1/2，所以总的概率为$P(Y=2)=\frac{2}{3}\times\frac{1}{2}=\frac{1}{3}$；$Y=3$意味着鹦鹉试飞三次才成功，第一次尝试从关着的那两扇窗户中飞出去，失败，概率为2/3，但是它有记忆的，所以此时它记住那扇关着的窗户，剩下的有两扇窗户可以选，第二次是飞向剩下的关闭的那扇窗户，概率为1/2，第三次因为它是有记忆的就从开着的那扇窗户飞出去，概率为1。所以$P(Y=3)=\frac{2}{3}\times\frac{1}{2}\times1=\frac{1}{3}$。平均试飞次数为$E(Y)=1\times\frac{1}{3}+2\times\frac{1}{3}+3\times\frac{1}{3}=2$次。

25 走迷宫问题

公园有一个大型走迷宫的游乐项目，该项目只有一个入口，进入后有三个房间，可以随机选择一个房间，从房间出去后各有一条通路。如果游客选择第一个房间，则通过其对应的通路，花费20分钟可以到达出口；如果选择第二个房间，则沿着对应的通路走，花费30分钟后回到该房间；如果选择第三个房间，则沿着对应的通路走，花费40分钟后又回到该房间。因为三个房间是完全相同的，游客等可能地选择一个房间，问他走出该迷宫所需花费的平均时间。

关键词：条件数学期望

令X表示走出迷宫花费的时间，由于X的取值很多，导致使用期望的定义计算很困难。令Y表示游客第一次选择的房间，$Y=i$表示第一次选择是第i个房间，因为游客等可能的选择一个房间，则$P(Y=1)=P(Y=2)=P(Y=3)=1/3$。游客选择第一个房间后走出迷宫的期望为$E(X|Y=1)=20$分钟。选择第二个房间后走出迷宫，此时选择第二个房间后经过30分钟回到了原处，而三个房间完全相同，需要重新进行选择。这与刚进来入口时是一样的，所以此时花费时间的期望为$E(X|Y=2)=30+E(X)$

分钟。选择第三个房间后走出迷宫，此时选择第三个房间后经过40分钟回到了原处，而三个房间完全相同，需要重新进行选择。这与刚进来入口时也是一样的，所以此时花费时间的期望为$E(X|Y=3)=40+E(X)$分钟。所以由重期望公式，有

$$E(X)=E(X|Y=1)P(Y=1)+E(X|Y=2)P(Y=2)+E(X|Y=3)P(Y=3)=20\times P(Y=1)+(30+E(X))\times P(Y=2)+\left[40+E(X)\right]P(Y=3)=20\times\frac{1}{3}+\left[30+E(X)\right]\times\frac{1}{3}+\left[40+E(X)\right]\times\frac{1}{3},$$

所以$E(X)$=90分钟。

Chapter6　估计：论文中到底有多少个错别字

1.总体

研究对象的全体。总体中每个成员称为个体。例如，某班的全体学生构成一个总体，则每个学生为个体。所有个体的数目称为总体的容量。

2.样本

要了解总体的分布规律，就得从总体中按一定法则抽取一部分个体进行观测或试验，以获得总体的信息。从总体中抽取有限个个体的过程称为抽样，所抽取的部分个体称为样本，样本中所含个体的数目称为样本的容量。

3.简单随机抽样

简单随机抽样要求抽取的样本满足下面两点：

（1）代表性：样本中每一个与所考察的总体有相同的分布，即样本与总体同分布。

（2）独立性：样本之间是相互独立的随机变量。

即从样本的特征能看出总体的特征，即部分推断整体。

4.贝努利大数定律

当试验次数n充分大时，事件A发生的频率$\frac{n_A}{n}$与事件A发生的概率p能任意接近的可能性很大（概率趋近于1），为实际应用中用频率近似代替概率提供了理论依据。

01 花果山的猴子能数得清吗

提起花果山大家立刻想到《西游记》中孙悟空的出生地。该花果山位于江苏省连云港市南云台山的花果山。在广西也有一座花果山，这就是藏于群山峻岭之中的隆安龙虎山。龙虎山位于南宁隆安县，是一座自治区级的森林自然保护区，该保护区内有非常多的猴子，为了掌握猴子的数量，以便对它们进行保护，科学家们采用了有点类似于诸葛亮与孟获的七擒七纵的策略的“捕获—再捕获”的方法，不过没有七次，只需两次即可。科学家们是怎样计算的呢？

关键词：简单随机抽样

在山上抓住一批猴子，数量为100只，对其进行标记，然后放其回山。过一段时间，再捕捉一批猴子，数量为200只，发现做标记的猴子有10只，现在就可以估计出保护区内猴子的数量。

怎样进行估计呢？我们抓猴子的时候，采用的是数理统计中的简单随机抽样的方法，即每个猴子被抓到的概率是相同的，第二次捕捉的猴子数量为200只，此时样本为这200只猴子，而带标记的猴子的数量为10只，说明带标记的猴子占整个样本的10/200=5%。数理统计的特点是用部分推断整体，即用样本的特征去推断总体的特征。因为带标记的猴子占整个样本的5%，所以我们可以推测第一次抓的做标记的100只猴子，应该也占总体的5%，由 $\frac{100}{N}=\frac{10}{200}$，可以估计出整个山上的猴子的数量$N$为2000只。用该方法可以估计出湖中的鱼数，自然保护区中鸟类等动物的数量。

02　论文中到底有多少个错别字

W同学为了完成四年大学学习中的最后一个环节——毕业设计，通过多次与指导老师探讨，最终撰写了一篇毕业论文。当他写完后向自己的指导老师讨教，看论文还有无问题。老师看完后告诉他说，论文的具体内容可以过关，但是错别字是需要认真检查。让他找L同学，帮他检查论文中的错别字。检查完毕，W同学发现他的论文中有20个错别字，而L同学发现W同学的论文中有15个错别字，其中共同发现的错别字有12个，那么W同学的论文中有多少个错别字？

关键词：独立

用N表示W同学的毕业论文中的错别字的个数，事件A分别表示W同学自己发现的错别字，事件B表示L同学发现的错别字。由于两个人是独立检查的，所以A与B独立，即$P(AB)=P(A)P(B)$。用频率代替概率，有$P(AB)=\frac{12}{N}$，$P(A)=\frac{20}{N},P(B)=\frac{15}{N}$，从而有$\frac{12}{N}=\frac{20}{N}\times\frac{15}{N}$，所以该论文中共有$N$=25个错别字。需要进一步检查。